浙江省重点科技创新团队“林业碳汇与计量”项目资助(2010R50030)
科技部“十二五”国家科技支撑计划项目资助(2012BAD22B05)
浙江大庄实业集团有限公司资助
浙江省森林生态系统碳循环与固碳减排重点实验室成果
浙江省农民发展研究中心成果

竹材产品碳储量与碳足迹研究

Carbon Stocks and Carbon Footprint of Bamboo Timber Products

周国模 顾 蕾 著

科学出版社
北 京

内 容 简 介

木竹材产品碳库是森林三大碳库之一，已被纳入森林减排范畴。我国竹林资源和竹材产品产量均位居世界第一，竹材产品碳储量和碳足迹的研究，对深化竹林全生命周期碳汇功能的科学评估、了解区域和国家水平上森林碳汇的贡献具有重要意义。全书基于对浙江、福建、江西、四川4省100多家竹材产品生产企业的实地调查，选取了1000多株6～16cm胸径分布的伐后毛竹，全程跟踪计测竹材产品生产每道工艺前后的碳转移率，构建了毛竹不同胸径、不同生产技术下竹材产品碳转移率和碳储量模型，为准确地估算竹材产品碳储量提供了科学方法和技术支撑；结合竹材产品碳储量，精准计测了5类9种主要竹材产品的碳足迹，为衡量竹材产品的低碳程度提供了依据；最后从直接减排和间接减排角度提出了增加碳储量、降低碳足迹的建议。

本书适用于对林业与气候变化、碳排放核算、产品碳足迹、低碳社会发展等热点问题关注的广大科研工作者、相关政府部门人员、企业人员、相关专业研究生和本科生阅读。

图书在版编目（CIP）数据

竹材产品碳储量与碳足迹研究 / 周国模，顾蕾著．—北京：科学出版社，2017.3

ISBN 978-7-03-051152-2

I.①竹… II.①周… ②顾… III.①竹制品-加工-二氧化碳-排放-研究 IV.①TS959.2

中国版本图书馆CIP数据核字（2016）第317477号

责任编辑：张会格 闫小敏 / 责任校对：郑金红
责任印制：张 伟 / 整体设计：铭轩堂

科 学 出 版 社 出版
北京东黄城根北街16号
邮政编码：100717
http://www.sciencep.com

北京凌奇印刷有限责任公司 印刷

科学出版社发行 各地新华书店经销

*

2017年3月第 一 版 开本：720×1000 B5
2017年3月第一次印刷 印张：10 7/8
字数：219 000

定价：78.00元

（如有印装质量问题，我社负责调换）

前　言

增加森林碳汇已成为我国政府应对气体变化、缓解减排压力的重要战略选择。造林再造林、减少毁林、促进森林可持续经营等森林增汇策略均已在应对气候变化的相关政治和法律框架中得到了体现，具有很大的减排潜力和明显的成本优势。但一直以来，全球对森林碳汇贡献的评估主要着眼于森林生态系统中的生物量和土壤碳储量上，而忽略了森林采伐后转移储存所形成的巨大林产品碳库。木竹材产品碳库是森林三大碳库之一，在减缓碳排放上具有巨大的贡献。2011 年在南非德班召开的联合国气候变化大会缔约方第 17 次会议上，各国一致同意将林产品碳储量纳入森林减排范畴。

竹子属禾本科竹亚科植物，广泛分布于亚洲、南美洲和非洲地区。全球约有 150 属 1225 种，据联合国粮食与农业组织（FAO）（2010 年）统计，全球竹林面积为 3185 万 hm^2，是世界第二大森林资源。我国地处世界竹子分布的中心，竹子资源十分丰富，主要分布于浙江、福建、江西等 15 个省区，约占世界竹种的 40% 和竹林面积的 20%，竹林资源和竹材产品产量均位居世界第一。根据第 8 次全国森林资源清查结果显示，我国竹林面积共 601 万 hm^2，2014 年竹业总产值达 1845 亿元，竹产业已成为我国林业“十三五”期间重点发展的十大主导产业之一和农民家庭收入的主要来源。

研究表明，竹林生态系统具有高效的固碳能力，并且成林后可隔年择伐。由于加工利用技术的提高和竹材产品种类丰富，以竹代木的趋势更加显著，因此竹林碳汇不断向竹材产品碳库转移，是一个不可忽视的重要碳库；同时在低碳产品认证的背景下，这类包含碳存储的竹材产品，碳足迹有多大，低碳程度如何，都是亟待解决的课题。因此系统开展竹材产品碳转移与碳足迹研究，对深化竹林全生命周期碳汇功能的科学评估，努力研究提高产品碳储量、降低产品碳足迹的技术，实现我国“森林增汇”的目标及帮助企业应对碳关税贸易壁垒、提高竹材产品竞争力都具有重要的意义。

浙江农林大学林业碳汇与计量科技创新团队从 2001 年起开始了竹林碳汇的

研究，主要集中在竹林生态系统的生物量碳和土壤碳两方面。为了全面评估竹林全生命周期碳汇功能，必须了解伐后竹材产品碳储量和碳足迹方面的特征和规律。作者历经 8 年的潜心研究，实地调查了浙江、福建、江西、四川 4 省 100 多家竹材产品生产企业，选择了 1000 多株 6 ～ 16cm 胸径分布的伐后毛竹，开展了对 5 种有代表性的竹材产品（集成板材、重组板材、刨切板材、展开板材、拉丝材）和 3 种主要的生产技术（集成技术、重组技术、展开技术）的研究，基于企业生产单位的微观视角，全程跟踪、计测产品生产每道工艺前后的碳转移率，研究不同胸径、不同生产技术对竹材产品碳转移率和碳储量的影响；基于上述研究最终选择了 5 类 9 种最终竹材产品 [带青竹展开地板、去青竹展开砧板（两种规格）、竹重组地板（户外和室内）、竹刨切片、竹拉丝产品（竹窗帘、竹凉席、竹地毯）]，开展了碳足迹及其影响因素研究，研究取得以下突破。

第一，从研究方法上突破了竹材产品碳转移、碳储量计测中尺度与精度共融的难题，提出基于企业微观角度，通过跟踪竹材产品生产工艺流程，分析碳转移规律和特征，构建碳储量计测模型，实现了宏观尺度和微观方法的结合，解决了竹材产品“如何测碳”的技术难题。

第二，根据整株毛竹不同胸径和壁厚分段利用的特点，通过分段再整合整株碳转移率，揭示了竹材产品碳转移规律，构建了不同胸径毛竹的整株碳转移率和碳储量模型，为快速精确地估算伐后不同胸径毛竹碳转移量提供了理论基础，结合毛竹胸径的 Weibull 分布概率模型，可准确计测任意区域尺度的伐后毛竹转移到竹材产品的碳储量，解决了竹材产品“固碳多少”的科学问题。

第三，系统研究了我国目前主要竹材产品（板材类、拉丝类、刨切类）及生产技术（集成、重组、展开、拉丝）的碳转移率，建立了不同产品类型、不同生产技术的碳转移率和碳储量模型，为高度精准、普遍适用地估算不同类型的竹材产品碳储量提供了科学的方法，解决了竹材产品“固碳途径”的科学问题。

第四，基于竹材产品 B2B（business-to-business）生命周期，全程跟踪并系统测定 9 种主要竹材产品在生产过程中的碳排放，结合碳储量数据科学测算了产品碳足迹，首次精准衡量了竹材产品的低碳程度，为确定竹材产品的低碳属性提供了依据，并分析了竹材产品的减排潜力，提出了降低碳足迹的对策，为企业减排及应对碳贸易壁垒提供了科学方法和依据，解决了竹材产品“固碳贡献”的科学问题。

将以上研究成果著成《竹材产品碳储量与碳足迹研究》一书，以全新的视角向读者介绍了伐后毛竹的碳转移轨迹、碳储量大小及产品低碳程度，完善了竹林全生命周期碳汇功能的科学评估，并为“竹子造林碳汇项目方法学”和“竹子经营碳汇项目方法学”提供了伐后竹林碳转移、碳储量计测的技术支撑。

全书共分两部分 16 章，各部分、章节的研究内容和结论如下。

第一部分为竹材产品碳储量研究，分为 8 章。

第 1 章，系统梳理和分析了国内外木竹材产品碳储量的研究背景、现状和未来趋势，阐述了目前国内外木竹材产品碳储量的研究方法和内容。

第 2 章，论述了竹材产品碳储量的研究思路、内容和方法，提出了基于企业生产单位微观视角，全程跟踪、计测产品生产每道工艺前后的碳转移率，研究不同胸径、不同生产技术对竹材产品碳转移率和碳储量的影响。

第 3 ～ 6 章，根据毛竹材分段利用的特点，分别计测了使用不同生产技术（集成技术、重组技术、展开技术）后整株毛竹竹板材的碳转移率和碳储量大小，构建了不同生产技术下不同胸径竹板材的碳储量模型。毛竹展开板材碳转移率及碳储量最高，毛竹重组板材次之，毛竹刨切板材最低。

第 7 章，研究了毛竹分段中拉丝段（壁厚在 5 ～ 9 mm）的碳转移率和碳储量。拉丝材最终加工成竹席丝、竹帘丝、竹筷条等束状材料。根据计测，不同胸径毛竹拉丝材的原竹段综合碳转移率平均为 32.51%。

第 8 章，对上述 5 种竹材产品在 3 种生产技术下的碳转移率和碳储量进行了比较分析和系统梳理，并从竹林培育、生产技术、工艺、全竹利用、废料再循环利用角度提出了增加竹材产品碳储量的建议。

第二部分为竹材产品的碳足迹研究，分为 8 章。

第 9 章，系统梳理和分析了国内外碳足迹的研究背景、现状和未来趋势，阐述了目前国内外碳足迹的研究方法和内容。

第 10 章，论述了竹材产品碳足迹的研究思路、内容和方法，应用英国标准协会（BSI）PAS 2050：2008《产品碳足迹评价规范》，基于第一部分竹材产品的碳储量结果和使用寿命，系统核算不同生产技术下主要耐用竹材产品的碳足迹。

第 11 ～ 15 章，选择了 5 类 9 种最终竹材产品进行碳足迹评估，涵盖了目前竹材产品生产的 3 种主要技术：集成技术、重组技术、展开技术。通过计测不同竹材产品从原材料到最终产品入库（B2B）所有排放源的初级活动水平数据，着重对产品加工过程、运输过程和附加物的排放等重点排放源进行计测，结合碳排放因子数据和全球增温潜势，对竹材产品B2B生命周期的二氧化碳排放量作出准确核算，并结合竹材产品的碳储量和使用寿命对竹材产品的碳足迹（净排放）进行精确评估，进一步分析了各种竹材产品的碳足迹构成。根据计测得到：①从各类竹材产品碳排放的构成来看，运输过程化石能源排放、加工过程电力排放、附加物隐含排放为最主要的三大排放源，而其中加工过程电力排放在竹材产品碳排放中所占比例最大。②从9种竹材产品每立方米储存的碳储量效应来看，其主要受转移储存的碳储量多少和产品使用寿命影响，最终竹重组地板（户外）最大，竹展开砧板（规格2）最小。③从9种竹材产品每立方米最终的碳足迹来看，综合上述碳排放和碳储量效应，最终带青竹展开地板碳足迹最小，竹刨切片最大。

第16章，总结了9种竹材产品碳足迹评估中存在的不确定性因素，并基于生命周期评价法、投入产出分析法和层次分析法，从影响产品碳排放及碳足迹的5个层次进行了减排潜力分析，最终从直接减排和间接减排两条途径提出降低碳足迹的建议。

在本书相关内容研究过程中，得到了浙江大庄实业集团有限公司及其福建顺昌、福建建阳、江西资溪子公司，浙江省安吉县林业局、临安市林业局、龙泉市林业局、庆元县林业局、遂昌县林业局，四川省长宁县林业局、青神县林业局及其竹材产品生产企业等企事业单位的大力支持；浙江农林大学周宇峰、施拥军、郑国全、刘恩斌、李翠琴、徐小军等老师参与了研究方案的设计和实施；研究生陈艳艳、毛方杰、俞淑红、计露萍、彭伟亮、周鹏飞、李想、李翀等在外业调查、数据分析和书稿文字、图表整理等方面做了大量的工作，在此一并表示感谢。

作为我国首部系统阐述竹材产品碳储量和碳足迹计测的专著，本书科学的研究方法和创新的研究成果可为研究其他木材产品碳储量和碳足迹提供重要的参考和借鉴。限于著者水平，书中存在一些不足之处，恳请广大读者批评指正。

著　者

2016年6月

Preface

Increasing forest carbon sequestration serves as an important strategic choice for the Chinese government to combat climate change and mitigate the pressures from emission reductions measures. A number of strategies for increasing forest carbon sequestration, such as afforestation, reforestation, deforestation reduction and the promotion of sustainable forest management, are reflected in relevant political and legal frameworks designed to combat climate change demonstrating great potential in reducing emissions and noticeable cost advantages. However, globally, the focus when assessing the contribution to forest carbon sequestration has always been on the biomass and soil carbon stocks of forest ecosystems, ignoring the immense forest product carbon pool generated from carbon transfers and storage after the logging of forests. The forest product carbon pool, one of the three major forest carbon pools, contributes tremendously to the mitigation of carbon emissions. At the 17th United Nations Framework Convention on Climate Change Conference of the Parties held in Durban, South Africa, in 2011, all countries unanimously agreed to include forest product carbon stocks in the realm of forest carbon emission reductions.

Bamboos, a plant subfamily (*Bambusoideae*) in the family *Poaceae*, are widely distributed throughout Asia, South America and Africa. Globally, there are approximately 150 bamboo genera and 1225 bamboo species. Bamboo forests, comprising an area of 22 million ha, are the second largest forest resources in the world. Geographically located in the middle of the world's distribution of bamboo species, China has abundant bamboo resources, which are primarily distributed in 15 provinces and regions, including Zhejiang, Fujian and Jiangxi etc. China accounts for approximately 40% of the global bamboo species and 20% of the bamboo forest area. In addition, China has the largest bamboo forest resources and highest bamboo product yield in the world. According to the results of the Eighth National Forest Inventory, China's bamboo forest area totaled 6.01 million ha and the bamboo industry in China had a total output value of 184.5 billion Chinese yuan in 2014. The bamboo industry, currently one of the ten major leading forest industries, the development of which was prioritized during China's 13th Five-Year Plan period, serves as a primary source of income for rural families.

Research has shown that bamboo forest ecosystems have highly efficient carbon sequestration capacity; in addition, a bamboo forest, once established, can also be subjected to selective logging every other year. Given improved techniques for processing and using bamboo, the types of bamboo products are increasingly more diverse and the trend of replacing wood with bamboo is progressively more pronounced. As a result, the focus of bamboo forest carbon sequestration continuously shifts to the creation of bamboo product carbon pools, which are important carbon pools that should not be overlooked. In addition, low-carbon product certification is also gaining momentum. Accordingly, the carbon footprint and low-carbon levels of bamboo products that store carbon need to be promptly determined. Therefore, systematic research on the carbon transfer and carbon footprint of bamboo products is of great importance to further develop scientific assessments of the carbon sequestration function of bamboo forests throughout their entire life cycle, to advance research on the techniques for increasing product carbon stocks and reducing product carbon footprints, to achieve the Chinese government's goal of increasing forest carbon sequestration and to strengthen the capacity of companies to combat carbon tariff trade barriers and increase the competitiveness of their bamboo products.

Since 2001, the team at Zhejiang A & F University responsible for innovating forest carbon sequestration and calculation and measurement technologies has been studying bamboo forest carbon sequestration, primarily focusing on two areas—the biomass carbon and soil carbon of bamboo forest ecosystems. To comprehensively assess the carbon sequestration function of a bamboo forest during its full life cycle, it is necessary to understand the characteristics and patterns of the carbon stock and carbon footprint of harvested bamboo products. During eight years of concentrated research, we conducted field surveys on more than 100 bamboo product manufacturing companies in four Chinese provinces (Zhejiang, Fujian, Jiangxi and Sichuan), selecting more than 1000 harvested Moso bamboo plants with a diameter at breast height (DBH) distributed in the range of 6–16 cm for analysis, and investigated five representative bamboo products (laminated bamboo boards, reconstituted bamboo boards, sliced bamboo veneers, flattened bamboo boards and drawn bamboo threads) and three representative production techniques (lamination, reconstitution and flattening). In addition, from the micro-level, we also surveyed all the companies' bamboo product manufacturing processes, calculated and measured the carbon transfer ratio of each production process, and studied the effect of different DBHs and production techniques on the carbon transfer ratio obtained when producing bamboo products as well as the bamboo product carbon stock. Based on the aforementioned investigations, we eventually selected nine types of final bamboo products belonging to five categories (flattened green-barked bamboo flooring boards, flattened bamboo cutting boards (two specifications), reconstituted bamboo flooring boards (outdoor and indoor), sliced bamboo veneers and drawn bamboo thread products (bamboo curtains, bamboo mats and bamboo carpets) to study bamboo product carbon footprints and the factors affecting them. We achieved the following developments.

First, we resolved the difficulty in simultaneously ensuring adequate scale and accuracy when calculating and measuring bamboo product carbon transfer and carbon stocks by using a new research method. At the micro-level, by surveying the bamboo product manufacturing processes, we analyzed the carbon transfer pattern and characteristics involved in producing bamboo products and constructed a carbon stock calculation and measurement model, thereby achieving a combination of macro- and micro-scale methods and thus solving the technical difficulty in measuring the carbon-related parameters of bamboo products.

Second, considering that the DBH and wall thickness of a Moso bamboo plant vary between different sections of the plant and a Moso bamboo plant is thus first divided into different sections prior to use, we first divided a bamboo plant into different sections and then combined the carbon transfer ratios obtained when producing bamboo products using each of the bamboo sections to obtain the carbon transfer ratio of the entire plant, thereby revealing the carbon transfer pattern when producing bamboo products. In addition, we also established a model for determining the carbon transfer ratio and carbon stock of entire bamboo plants with different DBHs, thereby providing a theoretical basis for rapidly and accurately estimating the amount of carbon transferred from harvested Moso bamboo plants with different DBHs. The proposed model, combined with the Weibull distribution probability model of the DBH of Moso bamboo plants, can be used to accurately calculate and measure the amount of carbon transferred from harvested Moso bamboo plants to bamboo products in any area on any scale, thereby solving the scientific problem of determining the amount of carbon sequestrated by bamboo products.

Third, we systematically studied the carbon transfer ratio obtained when producing the chief bamboo products (bamboo board products, drawn bamboo thread products and sliced bamboo veneers) using the predominate bamboo product production techniques (lamination, reconstitution, flattening and drawing) currently practiced in China. We also established carbon transfer ratio and carbon stock models for different product types produced using different production techniques, thereby providing a scientific method for accurately and ubiquitously estimating the carbon stock of different types of bamboo products and solving the scientific problem of determining the carbon sequestration pathway of bamboo products.

Fourth, based on the business-to-business (B2B) life cycle of bamboo products, we surveyed the entire manufacturing process of nine types of bamboo products and systematically measured the carbon emissions generated during each production process. Based on the carbon stock data, we scientifically measured and calculated product carbon footprints and, for the first time, accurately assessed the low-carbon level of bamboo products, thereby providing a basis for determining the low-carbon attributes of bamboo products. In addition, we also analyzed the potential of reducing the carbon emissions generated during the production of bamboo products and proposed strategies for reducing bamboo product carbon footprints, providing companies with a scientific method and basis for reducing carbon emissions and combating carbon trade barriers, thereby solving the scientific problem of determining the contribution of bamboo products to carbon sequestration.

Based on the aforementioned research results, we have developed this book, entitled *A Study on Bamboo Product Carbon Stocks and Carbon Footprints*, which introduces to the reader the carbon transfer trajectory and carbon stock of harvested Moso bamboo plants, as well as the low-carbon level of Moso bamboo products, from a novel perspective and improves the scientific assessment of the carbon sequestration function of bamboo forests during their complete life cycle. In addition, this book also provides technical support for the *Methodology for Carbon Sequestration through Bamboo Afforestation* and the *Methodology for Carbon Sequestration through forest Management* in the areas of calculating and measuring the amount of carbon transferred from and the carbon stock of harvested bamboo forests.

This book has two parts and 16 chapters. The research contents and conclusions of each part and chapter are as follows：

Part 1, consisting of eight chapters, discusses bamboo product carbon stocks.

Chapter 1 systematically organizes and analyzes the background, current situation and future trend of worldwide research on bamboo product carbon stocks, as well as discusses the methods and contents of current worldwide research on bamboo product carbon stocks.

Chapter 2 discusses the ideas, contents and methods of research on bamboo product carbon stocks, proposes a method for calculating and measuring the carbon transfer ratio of each bamboo product manufacturing process by following all the production processes at the micro-level of companies, and details our investigation of the effect of different DBHs and production techniques on the carbon transfer ratio obtained when producing bamboo products and the bamboo product carbon stock.

Chapters 3–6 calculate and measure the carbon transfer ratio of entire Moso bamboo plants when used to produce bamboo products using different production techniques (lamination, reconstitution and flattening) and the carbon stock of different types of bamboo boards based on how Moso bamboo plants are used (a Moso bamboo plant is divided into different sections prior to use) and establish carbon stock models for bamboo boards produced from bamboo plants with different DBHs using different production techniques. The carbon transfer ratio is the highest when producing flattened Moso bamboo boards from Moso bamboo plants, followed by reconstituted Moso bamboo boards and sliced Moso bamboo veneers. In addition, flattened Moso bamboo boards also have the highest carbon stock, followed by reconstituted Moso bamboo boards and sliced Moso bamboo veneers.

Chapter 7 investigates the carbon transfer ratio obtained when producing drawn bamboo threads from the suitable sections of Moso bamboo plants (wall thickness: 5–9 mm) as well as the carbon stock of drawn bamboo thread products. Drawn bamboo threads are eventually processed into bundle-like materials such as bamboo mat threads, bamboo curtain threads and bamboo chopstick rods. Based on calculations and measurements, the mean combined carbon transfer ratio is 32.51% when producing drawn bamboo threads.

Chapter 8 comparatively analyzes and systematically organizes the carbon transfer ratios obtained when producing the aforementioned five types of bamboo products using three production techniques and the carbon stock of these bamboo products, as well as provides suggestions on how to increase bamboo product carbon stocks through bamboo forest cultivation, production techniques, processes, the use of entire bamboo plants and bamboo scrap recycling.

Part 2, consisting of Chapters 9–16, details the research on bamboo product carbon footprints.

Chapter 9 systematically organizes and analyzes the background, current situation and future trend of worldwide research on carbon footprints and discusses the current methods and contents of worldwide research on carbon footprints.

Chapter 10 discusses the ideas, contents and methods of research on bamboo product carbon footprints and systematically calculates the carbon footprint of the main durable bamboo products manufactured using different production techniques based on the results of the carbon stock and service life of bamboo products obtained in Part 1 using the British Standards Institution's Product Carbon Footprint Assessment Standard (PAS2050： 2008).

Chapters 11–15 assess the carbon footprint of nine types of final bamboo products belonging to five different categories. The selected bamboo products are produced using three primary production techniques that are currently used to produce bamboo products, namely, lamination, reconstitution and flattening. Carbon dioxide emissions generated during the B2B life cycle of bamboo products are accurately calculated by measuring the primary activity level data of all the emission sources involved in each step of manufacturing different bamboo products (from the raw materials to the warehousing of the final products), with a focus on measuring the data of major emission sources involved during the product processing and transportation processes, as well as the data of emissions embodied in the additives, based on carbon emission factor data and global warming potential. In addition, bamboo product carbon footprints (net emissions) are also accurately assessed based on their carbon stock and service life, and the composition of the carbon footprint of each type of bamboo products is further analyzed. The following conclusions are obtained based on the calculations and measurements： ① In terms of the composition of the carbon footprint of each type of bamboo product, carbon emissions are primarily generated from three main types of sources： fossil energy sources during the transportation process, power sources during the processing process and additives (in which carbon emissions are embodied). Of the three main types of emission sources, carbon emissions from power sources during the processing process account for the majority of all carbon emissions. ② The carbon stock stored in each of the nine types of bamboo products per m^3 is primarily affected by the amount of carbon transferred when manufacturing the product and the service life of the product. Reconstituted bamboo flooring boards (for outdoor applications) have the highest carbon stock per m^3, and flattened bamboo cutting boards (specification 2) have the lowest carbon stock per m^3. ③ In terms of the final carbon footprint per m^3 of the nine types of bamboo products, based on the aforementioned carbon emission and carbon stock data, flattened green-barked bamboo flooring boards have the smallest carbon footprint and sliced bamboo veneers have the largest carbon footprint.

Chapter 16 summarizes the uncertainty factors existing in the assessment of the carbon footprint of the nine types of bamboo products; analyzes the potential of reducing carbon emissions in five areas that affect product carbon emissions and carbon footprints based on the life cycle assessment method, the input–output analysis method and the analytic hierarchy process; and, lastly, proposes suggestions on how to reduce the carbon footprint via two different approaches, direct and indirect carbon emission reduction approaches.

During our research, we received strong support from a number of enterprises and institutions, including Zhejiang Dasso Industrial Group Co., Ltd. and its subsidiary companies in Fuchang and Jianyang, Fujian Province and Zixi, Jiangxi Province, Anji County Forestry Bureau of Zhejiang Province, Lin'an City Forestry Bureau of Zhejiang Province, Longquan City Forestry Bureau of Zhejiang Province, Qingyuan County Forestry Bureau of Zhejiang Province, Suichang County Forestry Bureau of Zhejiang Province, Changning County Forestry Bureau of Sichuan Province, Qingshen Country Forestry Bureau of Sichuan Province and the bamboo product manufacturers in Qingshen County, Sichuan Province. We wish to thank Prof. Zhou Yufeng, Prof. Shi Yongjun, Prof. Zheng Guoquan, Prof. Liu Enbin, Prof. Li Cuiqin and Prof. Xu Xiaojun from Zhejiang A & F University for their participation in the design and implementation of the research plan and graduate students Chen Yanyan, Mao Fangjie, Yu Shuhong, Ji Luping, Peng Weiliang, Zhou Pengfei, Li Xiang and Li Chong for their extensive work in field investigation, data analysis and manuscript, chart and figure preparation.

This book is the first publication that systematically elucidates the calculation and measurement of bamboo product carbon stocks and footprints published in China. The scientific research methods and novel research results detailed in this book can provide an important reference for research on the carbon stocks and footprints of other types of wood products. Because of our limited capacity, we may have overlooked some important information and made errors and omissions in this book. Hence, we earnestly welcome your criticism and correction.

The authors

June 2016

目　录

第二部分 竹材产品碳足迹研究

Contents

Part II Research on bamboo product carbon footprints

第一部分

竹材产品碳储量研究

1 木竹材产品碳储量研究进展

1.1 研究背景

增加森林碳汇已成为我国政府应对气体变化、缓解减排压力的重要战略选择。通过森林固碳方式减缓碳排放有很大的潜力，也具有明显的成本优势（Benítez et al.，2004；van Kooten et al.，1995；Hoen，1994），造林再造林、森林抚育、减少毁林等森林增汇策略均已在应对气候变化的相关政治和法律框架中得到了体现。但一直以来，对森林碳汇贡献的评估主要着眼于森林生态系统中的生物量和土壤碳储量上，而忽略了森林采伐后形成的林产品，其中的碳并未立即全部排放，而是转移储存在林产品中，可以将碳保存较长的时间，减缓碳排放（Houghton，1996；Winjum et al.，1998；Dias et al.，2005），形成了巨大的林产品碳库。2011 年在南非德班召开的联合国气候变化大会缔约方第 17 次会议上，各国一致同意将林产品碳储量纳入森林减排范畴。

竹林是我国南方重要的森林类型，因其独特的生长特性、生态功能和经济价值，被公认为是巨大的、绿色的、可再生的资源库和能源库。据第 8 次森林资源清查（2009 ～ 2013 年）显示，我国竹林面积 601 万 hm^2，其中毛竹林 443 万 hm^2（占我国竹林面积的 73.76%）。我国竹林面积和竹材产品产量位居世界第一，2014 年竹产业总产值达 1845 亿元。由于竹子具有强大的固定 CO_2 的功能及可以持续采伐的特点，导致竹林碳汇不断向竹材产品碳库转移，因此竹材产品碳储量是一个不可忽视的碳库，增加竹材产品碳储量对实现我国“森林增汇”的目标具有重要的意义。

近年来，由于毛竹具有生长快、收获周期短及固碳能力强的特点，在林业应对气候变化背景下，其对区域及全球碳平衡的贡献得到高度的关注（李正才等，2003；周国模和姜培坤，2004；周国模，2006；肖复明等，2009；Du et al.，

2010)。同时毛竹竹材具有韧性好、可塑性强和硬度高的优点，在现代工艺技术的处理下，其耐用性已经得到极大的提高并可与木材相媲美（Lobovikov et al.，2006)，被广泛运用于制造竹地板、竹家具、竹胶合板和竹刨花板等建筑装饰材料和其他领域十大类上千种产品，特别是竹地板、竹家具等竹材产品生命周期长达数十年以上，这意味着储存在竹材产品中的碳可延迟数十年以上才回到大气中；另外，由于近年来我国木材采伐量不断调减（2016 年年底将停止全国天然林商业采伐），作为木材的有效替代品，竹材市场需求不断增加，竹林面积、竹材产品产量产值增长迅速，竹材产品碳库是一个不可忽视的碳库，是竹林生态系统碳循环中重要一环，可视为一个重要的碳缓冲器并作为温室气体减排的一个应对策略。因此，研究不同竹材产品碳转移特征，构建竹材产品碳储量计量模型，估算竹材产品碳储量具有重要科学意义。

1.2 国内外木质林产品碳储量研究综述

1.2.1 木质林产品碳储量计量方法

近年来，一些国家逐渐认识到木竹材产品在温室气体减排上的作用，主张将木竹材产品纳入到缔约国谈判议题中，并积极地推动该议题的谈判。部分发达国家和地区（如澳大利亚、美国和欧盟）在向《联合国气候变化框架公约》（United Nations Framework Convention on Climate Change, UNFCCC）秘书处递交的国家温室气体清单中，已经包括了木竹材产品碳储量。因此，开展木竹材产品碳储量计量研究对全面了解全球、地区和国家水平上的森林碳汇贡献具有重要的意义。

木质林产品碳计量及模型方面的研究越来越受到人们的关注（Bateman and Lovett，2000；林俊成和李国忠，2003；Miner，2006；白彦锋等，2007；Hennigar et al.，2008；白彦锋和姜春前，2009；Dias et al.，2009；Chen et al.，2010；Nunery and Keeton，2010）。根据方法可行性、精度、《联合国气候变化框架公约》和《京都议定书》报告的要求及国家层面政策等评价标准（Lim et al.，1999)，目前较常用的木质林产品碳储量计量方法主要有以下 3 种：储量变化法（stock-change approach）、生产法（production approach）和大气流动法（atmospheric-flow approach）（Lim et al.，1999；白彦锋等，2006；Dias et al.，2009）。而这 3 种方法目前有 Winjum（Winjum et al.，1998；Hashimoto et al.，2002）、GPG tier2（good practice guidance） 和 GPG tier3（IPCC，2003，2006；Skog et al.，2004；Green et al.，2006；Dias et al.，2007；Pingoud et al.，2001）3 种方法学框架可供选择，Dias 等（2009）利用蒙特卡罗模拟法评价其不确定性，

结果存在较大差异。这 3 种方法主要的区别在于估算过程中如何确定系统边界和处理进出口贸易的问题（白彦锋等，2006）。在应用中，它们得出的结果在一定程度上存在较大的差异性。Lim 等（1999）用技术、科学性和政策 3 个指标评价了以上 3 种木质林产品碳计量方法，从技术和科学层面上分析显示这 3 种方法在全球水平上得到的结果差异性不大，然而在国家水平上差异显著。

由于木质林产品的估算复杂，方法建立的前提假设、数据的质量、不同时空尺度的适应性和一致性、计量项目的完整性、调查的可重复性及可改进性等都将影响估算结果的精度（Lim et al.，1999）。相比之下，一些数据的不确定性（如木质林产品干重转换系数、原木树皮重量比率及木质林产品分解比率）对估算结果造成的不确定性较难控制（Dias et al.，2009）。

1.2.2　木质林产品碳储量研究内容

森林采伐和木质林产品的使用对全球的碳循环是相当重要的。提高林木采伐过程中生产效率、加工生产过程中木材利用率和延长木质林产品的使用寿命都会增加碳储量（Houghton，1996）。已有专家学者对森林采伐和木质林产品使用对国家碳流动和碳平衡的影响进行过研究，研究结果已充分表明木质林产品在减缓碳排放上具有巨大的贡献（Apps et al.，1999; Dias et al.，2005）。1990 年，美国现存木材中碳储量高达 2.7pg C（大约是当时美国森林碳储量的 20%），并以每年 0.06pg C 的速度增加（Skog et al., 2004）。全球工业每年生产的木材中碳储量大约为 0.29pg C（IPCC，2003）。基于不同的方法和假设，全球木质林产品中的碳储量每年正以 26 ～ 139tg C 的速度增加（Watson et al.，1996; Winjum et al.，1998; Hashimoto et al.，2002; Pingoud et al.，2003）。对于木质林产品生产大国，在碳排放计量中是否考虑抵消木质林产品的碳储量，会导致每年 CO_2 排放当量差异在 30% 左右（Pingoud et al.，2003）。在林地面积不断减少的情况下，依靠造林和改善森林管理所增加的碳储量日益趋于饱和（Schimel et al.，2001; Cramer et al.，2001），然而木质林产品作为高碳排放建筑材料及燃料的替代品，不仅能够将大气中的碳暂时储存在木材中，还能降低生产建筑材料及燃烧煤等燃料所排放的碳，在减缓碳排放上起到了不可忽视的作用（Ericsson，2003; Werner et al.，2006）。

许多学者已经对一个国家或地区的木质林产品的碳储量与碳排放量进行了评估（Kajalainen and Kello maki，1995; Nabuurs and Mohren，1993; Krallkina et al.，1996; HariPriya，2001; 阮宇等，2006; 李顺龙和蒋敏元，2003; 白彦锋等，2007）。HariPriya（2001）利用生命周期分析法分析木材在生长和使用过程中不同阶段的碳排放，使用敏感度分析研究各参数和模型条件的变化对木材产品中碳储量的影响。有学者对地区间木材产品由进出口导致的碳储量变化进行估算研究（Pingoud et al.，2001；Winjum et al.，1998），这些研究主要利用统计数据进行估测，没有进行相对精细的实地调查及数据分析，差异较大。

木质林产品的生命周期及替代建筑材料的碳效益对评价木质林产品的碳减排潜力非常关键（Borjesson and Gustavsson，2000；Peterson and Solberg，2003），这涉及木质林产品使用寿命和分解率（Borough and Crawford，2001）。目前美国、法国、加拿大、欧盟和日本等都对木质林产品的使用寿命进行了缺省值研究，但是不同的研究差异较大（白彦锋等，2007）。由于木质产品的使用寿命因经济条件、生活环境和产品最终处理方式的不同而有所差异（Borough and Crawford，2001；Mcfarinane and Ford-Robertson，2001；Nabuurs and Mohren，1993），因此木质林产品的生命周期较难计算，主要还停留在假设层面。Miner（2006）提出一种适用于企业、部门和特定产品价值链层面的 100 年方法（100-year method），用来预测木质林产品分解率，并详细地总结和分析了不同木质林产品的分解曲线。常用于计量木质林产品生命周期的几种分解曲线有 IPCC 推荐的一阶分解曲线（first order decay curve），欧洲森林协会（European Forest Institute，EFI）分解曲线，Row 和 Phelps 分解曲线（Row and Phelps 1996），将林产品分为建筑木材、其他木材和纸材分别计算的 Kurz 分解曲线（Kurz et al.，1992）和日本环境研究机构（Japan National Institute for Environmental Studies，NIES）分解曲线。在了解了分解曲线及其参数的前提下，应根据具体情况选择合适的分解曲线及参数。

1.3 竹材产品碳储量研究综述

面对木材日益严峻紧缺的形势，利用好竹材可以很好地解决这个问题。通过对竹材特性的研究（吴舒辞等，2004；鲁顺保等，2008；张亚梅等，2009），发现其具有韧性好、可塑性强和硬度高的优点，在许多产品上已渐渐取代木材。虽然竹材耐用性不是特别高，但在现代工艺技术的处理下，其耐用性已经得到极大的提高，并可以与木材相媲美，我国在竹材利用方面已处于国际领先地位。

目前，大约有 1500 种产品采用毛竹竹材作为原料，可见毛竹产品的市场需求广阔，其使用量将不断增大，其中竹地板、竹家具等竹材产品生命周期长达数十年以上，可将碳储存在竹材产品中，延缓碳排放数十年以上。因此，竹材产品碳储量是一个不可忽视的碳库。

国内外学者已经对一个国家或地区的木材产品的碳储量与碳排放量进行了评估，但是目前对竹材产品碳转移特征和碳储量的研究鲜有报道。有学者对竹材从利用率角度做了一些综述研究，如竹材人造板主要品种的利用率在 20% ～ 50%，并对不同竹材产品，如竹席、竹帘、竹胶合板、竹地板等进行了估测（王小青等，2002；张建等，2006；丁一汇等，2006）。但这些数据结论来源多为一些统计资料，并没有对竹材产品生产过程进行实地调查与计量，缺乏对竹材产品碳储量的精细研究。

1.4 综合评述

通过梳理与回顾文献，可以发现国内外在木竹材产品碳储量研究领域已进行了一定规模的研究，并取得了一些有价值的研究成果，但从研究方法与内容来看仍需进行一些探索和深入。

首先从研究方法看，国内外都集中在全球和国家层面，利用统计数据进行宏观估测，结果出现很大的差异性，缺乏基于企业等微观层面的、通过实地调查计测的精细研究。其次从研究对象看，目前国内外的研究更多着眼于林木产品碳储量的固碳减排效应，而竹林是一种重要的森林资源，具有生长周期短、可持续采伐等特点，竹材产品碳储量为木材产品碳储量的 1.67 倍，已成为一个重要的快速增加碳储量的林产品碳库，但目前国内外都鲜见相关研究，其结果是低估了总体竹材产品的固碳减排能力。最后从研究内容来看，目前国内外林产品关于碳储量的研究只着眼于宏观层面的估算，而一些微观的因素如木材胸径大小、生产技术、产品工艺等都会对伐后木材的碳转移和碳储量产生较大的影响，说明了碳储量的来源和途径，还影响到某一产品碳足迹的计量。

本研究针对上述研究的不足，借鉴国内外已有的研究，以竹材产品为研究对象，实地调查浙江、福建、江西、四川 4 省主要竹产区生产企业，选择有代表性的竹材产品和主要的生产技术，基于企业生产单位的微观视角，全程跟踪、计测产品生产每道工艺前后的碳转移率，研究不同胸径、不同生产技术对竹材产品碳转移率和碳储量的影响，研究“如何测碳”“固碳多少”“固碳途径”等科学问题，为科学评估竹林全生命周期的碳汇功能、我国森林碳汇的综合潜力提供科学的决定依据。

2 竹材产品碳储量研究内容和方法

2.1 竹材特征与研究内容

毛竹有节中空，从根部到梢部逐渐变细呈圆锥形，增加了竹材的利用难度。根据企业实地调查，目前毛竹是根据胸径、壁厚分段加工的：整株毛竹截分为竹板材段（壁厚大于 7mm）、拉丝段（壁厚在 5 ～ 9mm）、梢头段、根部，其中板材段和拉丝段占整株毛竹重量的 80% 以上。

竹板材段加工成竹板材（后续产品为竹地板、竹家具、竹刨切片等），拉丝段加工成竹拉丝材（后续产品为竹帘、竹席等），竹根和竹梢加工成竹炭、竹扫帚等一些非耐用竹产品（本研究除外），竹粉等一些剩余物加工成竹粉纤维板或当燃料。尽管目前我国最终的竹材产品达上千种，但都是经上述中间产品进一步加工而成的，且后期加工的碳耗损基本在 5% 以内。

目前从毛竹利用角度上说主要有 3 种生产技术：集成技术、重组技术、展开技术。基于这 3 种技术生产的竹板材和竹拉丝材是进一步加工成竹地板、竹家具和竹席等的基础产品和中间产品，在竹材产品中用途最广，所占的比例最大，其碳储量占竹材产品碳库的绝大部分。因此，本研究选择在上述 3 种不同利用技术下生产的竹板材和竹拉丝材（图 2.1）。

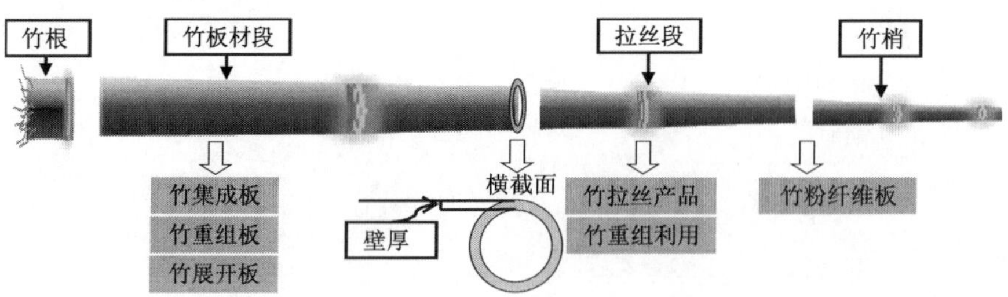

图2.1　毛竹整株综合利用的3种模式

Fig.2.1　The three modes of comprehensive utilization for whole bamboo

基于生产实际，毛竹整株综合利用模式主要有以下三种。

集成模式：竹集成板（壁厚＞ 7mm）＋竹拉丝产品（壁厚 5 ～ 7mm）

重组模式：竹重组板＋竹重组利用（一起进行，壁厚＞ 5mm）

展开模式：竹展开板（壁厚＞ 7mm）＋竹拉丝产品（壁厚 5 ～ 7mm）

因此，本研究选择以下 5 种涵盖各竹段、各技术的耐用竹材产品开展：竹集成板材、竹重组板材、竹刨切板材、竹展开板材、竹集成拉丝材，并研究不同技术下不同胸径毛竹产品的碳转移率和碳储量模型。

2.2　数据来源和研究方法

由于毛竹资源及竹材产品生产具有很强的区域分布特点，根据我国竹地板、人造板等耐用竹产品产量产值情况和实地企业考察，选择如下研究点的标准化企业进行调查：竹集成板材、竹集成拉丝材（浙江省）；竹重组板材和竹重组拉丝（江西省）；竹刨切板材（浙江省）；竹展开板材（福建省）。

在各研究点选择 200 株左右 5 ～ 16cm 胸径分布的伐后毛竹并按序标记，分别测量其胸径、长度、重量，并按照不同产品要求截取不同长度规格的竹段，记录不同胸径和竹高毛竹截取的段数、各段竹壁厚度、重量等，并按照竹壁厚度要求在不同技术下加工成竹板材和竹拉丝材。

碳转移特征研究：跟踪各竹段生产成竹板材、竹拉丝材的生产工艺流程，计测每道工艺前后的碳转移率，通过计算每道工艺前后竹材的重量比得

$$\lambda_i = \frac{m_i}{M_i} \tag{2.1}$$

式中，λ 为每道工艺的碳转移率，i 为某道工艺，m 为 i 工艺后重量，M 为 i 工艺前质量；该公式在相同的含水率、含碳率条件下成立。

综合竹材产品各生产流程的碳转移率，得到不同壁厚、不同生产技术下的综合碳转移率；参考原竹的含碳率、含水率数据，得到不同胸径原竹在不同利用技术下生产竹板材和竹拉丝材的碳转移效率。

基于上述数据，构建基于胸径尺度的不同利用技术下的竹板材和竹拉丝材的综合碳转移率和碳储量模型，并参考全国和省级层面毛材胸径概率分析数据，估测不同利用技术下竹板材类产品和竹拉丝类产品的总碳储量。本研究将采用统计分析、比较分析、回归分析、概率密度函数等方法。

2.3 提高竹材产品碳储量思路

通过对 4 省竹材产品生产企业的实地调查，分析不同产品碳转移率，根据统计分析结果，分析不同竹材产品碳转移量大小的制约因素，提出增加竹材产品碳储量的主要措施，增加竹材产品碳储量。

主要从下面几个角度分析：第一从竹林培育角度，通过所建立的各类竹材产品基于胸径的碳转移率和碳储量模型，从原竹的经营、培育入手；第二比较 3 种不同生产技术下竹材产品碳储量转移率的高低，推广高转移率的生产技术；第三分析竹材产品生产中竹材损耗较大的几道工序，从工艺、技术、人员方面探索改进方法；第四研究竹材产品生产中废料的再循环利用技术、机制，以及竹子的全竹利用，探索新工艺、新技术来延长产品使用寿命，开展废旧产品的再循环利用等。

3　竹集成板材碳储量分析

竹集成板材是竹杆经锯断、开片、粗刨、干燥和精刨成竹条后用胶黏剂胶合压制成的板材，是竹子加工利用过程中一种重要的中间产品，是进一步加工成竹地板、竹家具单板等的基础材料，目前在竹材产品生产中用途最广，所占的比例最大。

3.1　材料与方法

本研究选取了浙江临安工业园区内具代表性的一家竹集成板材生产企业进行调查。毛竹原产地为临安、建德、龙泉，调查时间为 2011 年。

本研究测定了不同胸径分布（5.8 ～ 15.8cm）的 170 株毛竹加工成竹集成板材的各步工艺流程（图 3.1）的利用率情况，进而分析其碳转移率的高低。由于不同胸径毛竹具有不同的壁厚及弯曲度（横截面）特性，因此在实际生产竹集成板材中为提高利用率将毛竹竹片粗刨和精刨成 5 种不同厚 × 宽的规格（表 3.1），粗刨分类的依据是小头的壁厚（表 3.1）。粗刨是指将开片的有弯曲度的竹片去黄去青形成规则的长方体刨片，精刨是在粗刨后将竹刨片经水煮、去糖碳化、高温高压干燥后再刨的过程。将精刨后的精刨片用胶黏剂加压处理，制造成用于竹地板和竹家具的竹集成板材。其中粗刨和精刨是竹集成板材加工生产过程损耗最多的两个重要环节，平头直边和砂光损耗据测算在 1% ～ 3%，本研究对其忽略不计。粗刨和精刨后，竹片中的碳转移到竹集成板材中，并随产品储存下来，产生的废料则可用于制造竹刨花板、竹炭，或作为燃料等。

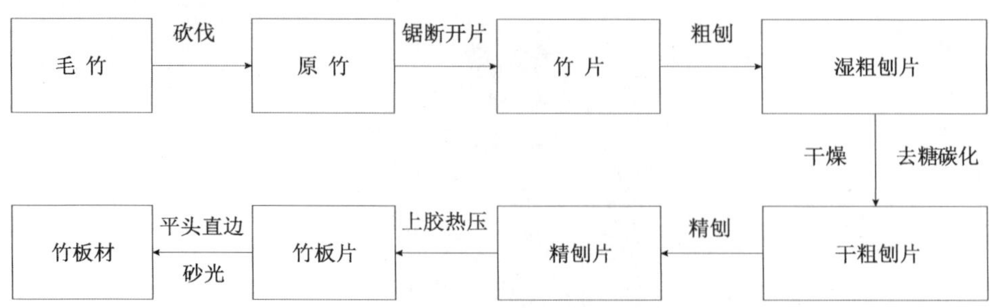

图3.1 竹集成板材加工流程

Fig.3.1 Manufacturing process of bamboo integrated planks

表3.1 竹集成板材加工的规格分类

Tab.3.1 Bamboo integrated planks processing specifications

	规格 1	规格 2	规格 3	规格 4	规格 5
小头壁厚 /cm	$X \geq 1.10$	$1.00 \leq X < 1.10$	$0.90 \leq X < 1.00$	$0.80 \leq X < 0.90$	$0.70 \leq X < 0.80$
粗刨	9.5mm×2.5cm	8.5mm×2.5cm	7.5mm×2.5cm	6.5mm×2.5cm	6.5mm×2.2cm
精刨	7.5mm×2.2cm	6.5mm×2.2cm	5.5mm×2.2cm	4.5mm×2.2cm	4.5mm×1.9cm

注：刨片长度为 2.05m，规格为厚 × 宽

Note：length of planer slice is 2.05m，specification is thickness × width

本研究的主要内容及思路如下。

（1）测量每株毛竹竹杆胸径和竹高。根据调查，由于竹集成板材经济效益高，毛竹加工企业通常把整株毛竹截分为竹集成板材段（用于竹集成板材加工的部分为壁厚大于 7mm、长 2.05m 的一段，胸径大的段数多）、拉丝段（壁厚在 5 ～ 9mm）、梢头段和根部。其中根部、拉丝段、梢头有其他用途，可用于制造竹帘、竹席、竹工艺品等。称取整株毛竹和竹集成板材段原竹重。称重用电子秤（精度为 10g）。

（2）将（1）中的竹集成板材段原竹锯断开片成竹片；根据竹壁厚的不同，按 5 种不同规格对竹片进行粗刨制成粗刨片，每步都进行称重，计算粗刨前后重量比，即一段毛竹粗刨后竹片重量除以粗刨前该段竹片的重量，计算公式为 $\lambda_i = \dfrac{m_i}{M_i}$。粗刨碳转移率定义为一段毛竹粗刨后竹片碳储量除以粗刨前该段竹片的碳储量，因为同一段竹材含碳率和含水率相同，所以粗刨碳转移率大小即为粗刨前后重量比。

（3）把经过去糖碳化、干燥的干粗刨片按 5 种不同规格各选择 100 个样本进行精刨，得到精刨碳转移率，即精刨后竹片碳储量除以精刨前竹片碳储量（公式同上）。并进一步分析毛竹不同规格粗刨精刨综合碳转移率，即不同规格的粗刨碳转移率乘以精刨碳转移率（因为从粗刨到精刨有一个干燥过程，这一部分不能直接用重量来比），原竹段综合碳转移率意味着一段毛竹经精刨后竹片碳储量除以该段毛竹粗刨前的碳储量。

（4）通过分析 170 株不同胸径单株毛竹集成板材段经粗刨、精刨后刨片碳储量占整株毛竹竹杆碳储量的比例，构建不同胸径毛竹的整株综合碳转移率模型。整株综合碳转移率定义为一株毛竹用于生产竹集成板材后的碳储量除以整株毛竹竹杆的碳储量。

（5）将单株毛竹粗刨后的粗刨片重量乘以竹杆的干重比和含碳率，再乘以相应规格刨片的精刨碳转移率，建立不同胸径单株毛竹与竹集成板材碳储量模型，并进一步估算在集成技术下浙江省每年转移到竹集成板材中的碳储量。

3.2　结果与分析

3.2.1　不同规格刨片的粗刨、精刨和综合碳转移率分析

根据对粗刨、精刨生产过程竹材利用率的计算（即粗刨、精刨前后的竹片重量比），5 种不同规格刨片的粗刨、精刨碳转移率，以及粗刨和精刨后综合碳转移率分析结果见图 3.2。对不同规格刨片的粗刨和精刨碳转移率进行了方差分析，结果表明不同的规格之间有显著性差异（$P<0.01$）。

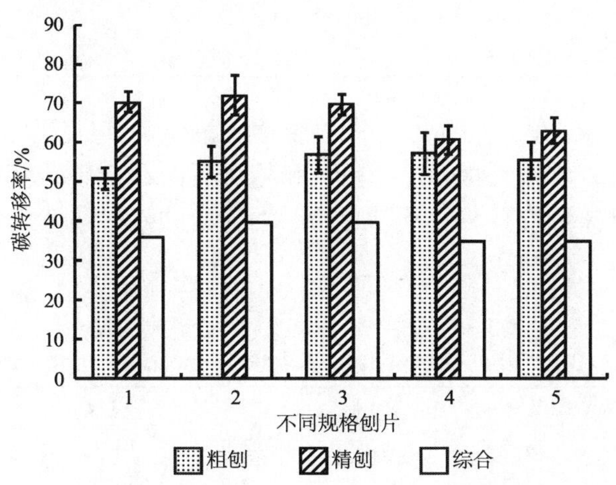

图3.2　不同规格刨片对碳转移率的影响

Fig.3.2　Effect of different specifications in planer process on carbon transfer ratio

从图 3.2 可以看出：粗刨过程碳转移率呈从规格 1 到规格 4 逐渐增加，规格 5 稍有降低。规格 1 的粗刨碳转移率最低，为 51%，规格 4 的粗刨碳转移率最高，为 57.31%，不同规格刨片的粗刨碳转移率平均为 55%。

精刨的碳转移率明显高于粗刨的碳转移率，这是因为经粗刨后刨片已经是规则的长方体。不同规格刨片的精刨碳转移率都在 60% 以上，规格 2 的精刨碳转移率最高，为 71.98%，最低的为规格 4，为 60.75%，平均为 67%。

粗刨精刨综合碳转移率最高的为规格 2 和规格 3，为 39.7%，规格 4 和规格 5 的综合碳转移率相比最低，约为 35.0%，平均为 37.0%。

3.2.2 单株毛竹分段的碳转移率分析

由于竹集成板材生产竹壁厚度要求不小于 7mm，因此不同胸径毛竹用于竹集成板材生产的段数也不同，且随着胸径的增加段数相应增加。同一株毛竹集成板材段有两段及以上的，不同段的粗刨及综合碳转移率从根部（第 1 段）往上（末段）呈逐渐增大的趋势。表 3.2 为按每株毛竹分段进行统计的粗刨过程碳转移率。

表3.2 单株毛竹分段统计粗刨碳转移率

Tab.3.2 Carbon transfer ratio of moso bamboo parts during coarse planer process

株数	胸径 /cm	高 /m	第 1 段	第 2 段	第 3 段	第 4 段	第 5 段
2	15.05	16.63	0.486±0.0242	0.607±0.0028	0.637±0.0123	0.570±0.0379	0.595±0.0453
19	13.77	12.83	0.509±0.0282	0.558±0.0602	0.559±0.0481	0.583±0.0472	
39	11.95	11.44	0.521±0.0310	0.576±0.0530	0.594±0.0530		
48	10.10	10.12	0.555±0.0400	0.601±0.0515			
61	8.18	8.66	0.533±0.0525				

从表 3.2 可以看出，根部这一段碳转移率最低，其原因是根部的这部分从粗到细变得较快。单株毛竹分段经粗刨和精刨后的综合碳转移率同粗刨过程碳转移率一样，单株毛竹有两段及以上的，不同段的碳转移率从根部到梢头段呈逐渐增大的趋势（表 3.3）。

表3.3 单株毛竹分段统计综合碳转移率

Tab.3.3 Total carbon transfer ratio of moso bamboo parts

株数	胸径 /cm	高 /m	第 1 段	第 2 段	第 3 段	第 4 段	第 5 段
2	15.05	16.62	0.307	0.369	0.444	0.410	0.418
19	13.77	12.83	0.321	0.339	0.390	0.420	
39	11.95	11.44	0.328	0.350	0.414		
48	10.10	10.12	0.350	0.365			
61	8.18	8.66	0.336				

3.2.3 不同胸径毛竹集成板材的整株综合碳转移率分析

不同胸径的毛竹由于截取的段数不同、刨片的规格不同等，整株毛竹最终转移到竹集成板材中的碳储量也不同。将一株毛竹截取竹集成板材段，计算粗刨和精刨后的竹刨片碳储量占整株毛竹竹杆碳储量的比例，并作整株毛竹综合碳转移率曲线（图 3.3）。从图 3.3 可以看出：①不同胸径毛竹集成板材的整株综合碳转移率在 10.12% ～ 34.93% 内呈线性分布，其拟合方程为 $y = 2.581x - 5.561$，决定系数达 0.705。②随胸径的增加，单株毛竹用于集成板材生产的比例逐渐增加。因此，实际生产过程中培育大径竹材可以提高竹集成板材的碳转移率及产量。

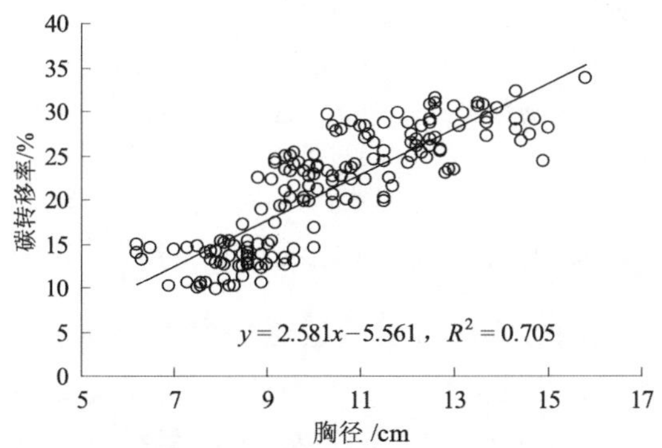

图3.3 不同胸径毛竹集成板材的整株综合碳转移率

Fig.3.3 Relationship between the aggregate carbon transfer ratio of bamboo integrated planks of whole stem and diameter at breast height

3.2.4 不同胸径毛竹集成板材的碳储量分析

原竹经过锯断开片、粗刨、精刨等生产工艺加工成竹集成板材的过程中，毛竹所吸收的碳也转移到了竹集成板材中，并稳定储存下来，形成竹产品碳储量。有学者已就不同胸径毛竹竹杆的碳储量进行了测量（肖复明等，2009），在此基础上，结合 3.2.3 不同胸径毛竹集成板材的整株综合碳转移率，可计测出不同胸径毛竹集成板材的碳储量，即利用不同胸径单株毛竹粗刨后的粗刨片重量乘以Ⅳ度竹杆的干重比 0.44 和竹杆的含碳率 0.5415（周国模和姜培坤，2004），再乘相应规格刨片的精刨碳转移率得到每株毛竹集成板材的碳储量。建立不同胸径单株毛竹集成板材碳储量模型并拟合得 $y=0.0003x^{3.627}$，$R^2=0.911$，作函数曲线见图 3.4。从图 3.4 中可以看出，随着胸径的增加，竹集成板材的碳储量随之增加，且呈指数增加。

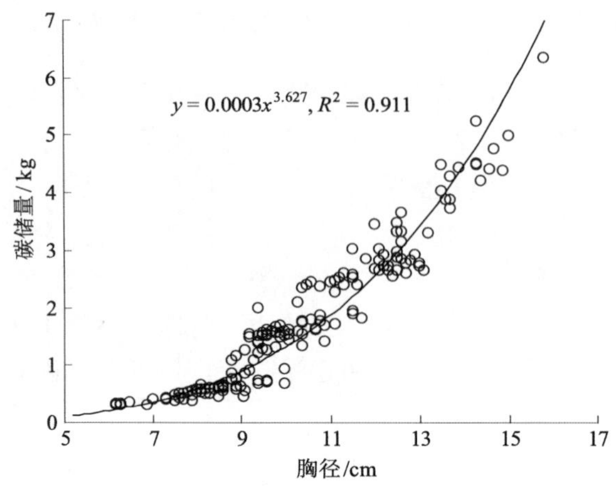

图3.4 不同胸径毛竹集成板材的碳储量

Fig.3.4 Relationship between carbon storage of bamboo integrated planks and diameter at breast height

3.2.5 任意区域尺度伐后毛竹集成板材的碳储量估算方法

运用上述不同胸径毛竹集成板材的碳储量模型，可估算任意区域尺度伐后毛竹集成板材的碳储量。以浙江省为例，毛竹是浙江省重要的森林资源，全省拥有毛竹林 80.91 万 hm^2，全省毛竹总株数 24.41 亿株（浙江省林业厅，2014）。目前浙江省毛竹采伐期平均为 6 年，因此每年转移为竹集成板材的毛竹占总量的比例为 1/6，再结合浙江省毛竹胸径的 Weibull 分布概率模型，如果仅仅考虑竹集成板材段转移的碳储量（忽略毛竹其他部分转移和废料的再利用），根据式（3.1）～式（3.3）可估算浙江省毛竹若采用集成技术每年转移到竹集成板材的碳储量。

$$C_{\text{product}} = 1/6 \times \sum_{i=5}^{15}\left[N \times f(D_i,\theta) \times c_i\right] \quad (3.1)$$

$$C_i = 0.0003 \times D_i^{\,3.627} \quad (3.2)$$

$$f(D,\theta) = \left(\frac{D-1.3367}{7.442}\right)3.606\frac{3.606}{D-1.337}\mathrm{e}^{-\left(\frac{D-1.337}{7.442}\right)^{3.606}} \quad (3.3)$$

式中，C_{product} 为每年浙江省毛竹转移到竹集成板材的总碳量；D 为毛竹胸径；N 为浙江省毛竹总株数；C_i 为胸径 i 单株毛竹集成板材的碳转移量；f（$D_{i,}$ θ）为胸径 i 毛竹的概率分布（周国模，2006）。

3.3 小结

由竹子圆形中空及根部到顶部逐渐变细的特性决定了竹板材加工利用过程中不可避免地产生大量的废料，目前这些废料主要当作燃料。因此，一方面要积极探寻和开发竹材产品生产中废料的再循环利用技术和机制，将竹粉进一步生产成竹纤维板、竹刨花板等，以提高碳转移率。另一方面需要技术创新，提高竹生产技术效率和降低加工成本，进行更大范围的竹展开技术推广。

（1）毛竹砍伐后竹材经过加工利用生产成竹集成板材，竹集成板材继续加工成不同形式的竹地板和竹家具，使用寿命达数十年，竹材相当一部分碳转移到竹材产品中，延缓了碳排放，对发挥森林持续碳汇功能具有重要意义。

（2）竹集成板材粗刨和精刨分 5 种不同规格，目的是提高竹材的利用率，进而提高碳转移率，不同规格的碳转移率有显著差异（$P<0.01$），粗刨碳转移率规格 1 最低为 51%，规格 4 最高，为 57.31%，不同规格的粗刨碳转移率平均为 55%。精刨的碳转移率都在 60% 以上，规格 2 的精刨碳转移率最高，为 71.98%，规格 4 最低，为 60.75%，平均为 67%。不同刨片规格粗刨精刨综合碳转移率为 35.0% ～ 39.7%，平均为 37.02%。

（3）单株毛竹分段的碳转移率分析，竹集成板材段分段的综合碳转移率从根部往上逐渐增大，其原因是原竹从根部由粗变细更剧烈。

（4）不同胸径毛竹集成板材的整株综合碳转移率在 10.12% ～ 34.93% 内呈线性分布，随胸径的增加，单株毛竹用于生产竹集成板材的比例逐渐增加。因此，在实际生产过程中培育大径竹材可以提高竹集成板材生产的碳转移率及产量。

（5）建立不同胸径毛竹集成板材碳的储量模型并拟合得 $y=0.0003x^{3.627}$，$R^2=0.911$。

4 竹重组板材碳储量分析

自我国从澳大利亚引进木材利用率高达 85% 的重组木制造技术后，越来越多的研究单位开始借鉴重组木的技术，试图研制竹材的重组竹材产品。重组竹材的构成单元是网状竹束，它是先将竹材疏解成通长的、相互交联并保持纤维原有排列方式的疏松网状纤维束，再经干燥、施胶、组坯成型、冷压或热压而成板状或其他形式的材料。重组竹材具有竹材利用率高、物理力学性能优良、加工性能好、外表美观、工艺简单、成本低廉等优点，是很有发展潜力的新产品，可以用来作为工程结构材料、装饰材料、家具用材、地板等，经过模压具各种特殊用途。本章基于对重组竹材加工流程的跟踪调查、实地计量和收集相关数据，对重组竹材生产加工过程中的碳转移率进行了科学系统的研究，分析了不同胸径毛竹重组板材的碳转移率和碳储量。

4.1 材料与方法

本研究选取了浙江大庄实业集团有限公司（以下简称大庄公司）江西资溪大庄竹木制品有限公司组板材加工厂进行调查。毛竹原产地为江西，调查时间为 2012 年 7 ～ 8 月。

本研究全程跟踪调查了不同胸径分布（7.3 ～ 13.0cm）的 279 株毛竹加工成重组竹材的各步工艺流程（图 4.1），进而分析各步骤的碳转移率和碳储量。

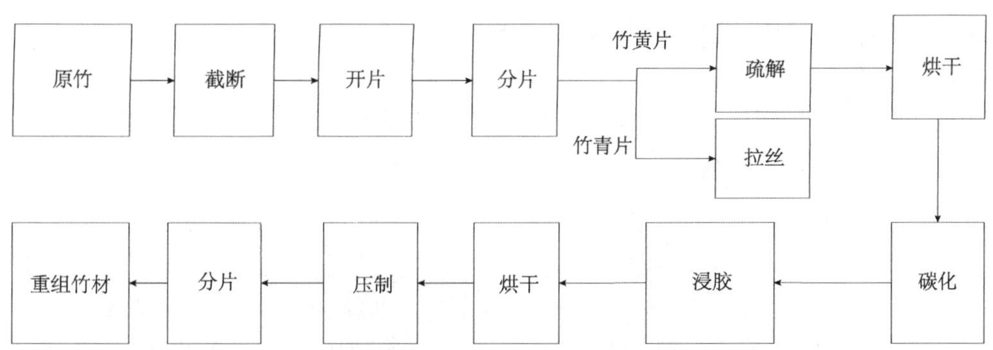

图4.1　重组竹材生产加工流程

Fig.4.1　Manufacturing process for reconstituted bamboo lumber planks

将每株毛竹截断成长度为1930mm的竹段（一般为4段），用于重组竹材加工，剩余的梢头段有其他用途，如用作扫帚把等，竹根部分用于烧竹炭等。由于不同胸径毛竹重组竹材段壁厚不同，实际生产中为了使重组竹材充分利用，将竹材（竹壁厚大于5mm）根据小头壁厚5种规格进行加工。毛竹根部的第一段竹材，由于竹节致密且竹壁厚度尖削度大，将此段按小头壁厚11mm为分界点分为规格1和规格2，每株剩余的三段竹材按小头壁厚不同分成规格3、规格4和规格5（表4.1）。

表4.1　重组竹材加工的规格分类

Tab.4.1　Reconstituted bamboo lumber planks processing specifications

	规格 1	规格 2	规格 3	规格 4	规格 5
小头壁厚 /cm	$X \geqslant 11$	$8 \leqslant X < 11$	$7 \leqslant X < 8$	$6 \leqslant X < 7$	$5 \leqslant X < 6$
竹黄片 /mm	(20～25)×(≥7)	(20～25)×($6 \leqslant X < 7$)	(20～25)×($5 \leqslant X < 6$)	(20～25)×($4 \leqslant X < 5$)	(20～25)×(≤4)
疏解片 /mm	(20～25)×(≥8)	(20～25)×($7 \leqslant X < 8$)	(20～25)×($6 \leqslant X < 7$)	(20～25)×($5 \leqslant X < 6$)	(20～25)×(≤5)
竹青片 /mm	(20～25)×2.5	(20～25)×2.5	(20～25)×2.5	(20～25)×2.5	(20～25)×2.5
竹青丝 /mm	4×1.8	4×1.8	4×1.8	4×1.8	4×1.8

注：刨片长度为1930mm，规格为宽×厚，单位为mm

Note：length of planer slice is 1930mm，specification is width×thickness（unit：mm）

本研究的主要内容及思路如下。

（1）测量每株毛竹胸径和竹高，称取整株毛竹和截取原竹段的重量，称重用电子秤（精度为10g），并对每段进行编号，用游标卡尺测量小头壁厚，分成5种规格分别进行加工。

（2）将原竹段开片，再将开片后的竹刨片剖分成竹青片和竹黄片。将竹青片进行拉丝得到竹青丝，可用于制造竹席和竹帘等。竹青片规格相同，都为（20～25）mm×2.5mm，通过拉丝得到规格为4mm×1.8mm的5根或4根（规格 5）竹青丝。根据壁厚的不同，竹黄片按 5 种规格（表 4.1）进行疏解，疏解是指将竹黄片分片并碾压的一个过程，但竹丝纤维仍互相粘连而不完全分离，疏解过程能增加浸胶、烘干和压制等工艺效率并提高重组竹材的物理性能。

（3）研究涉及多个碳转移和碳储量概念，其分解过程如图 4.2 所示。根据竹青丝和竹青片重量比得到不同规格竹青丝的碳转移率，计算公式为 $\lambda_i=\frac{m_i}{M_i}$。竹黄疏解片重除以竹黄片重得到不同规格竹黄疏解片的碳转移率；将竹青丝重除以剖分前的竹刨片重，得到不同规格竹刨片的竹青丝碳转移率；将竹黄疏解片重除以剖分前的竹刨片重，得到不同规格竹刨片的竹黄疏解片碳转移率；将竹青丝和竹黄疏解片重之和除以剖分前的竹刨片重，得到不同规格竹刨片的综合碳转移率。

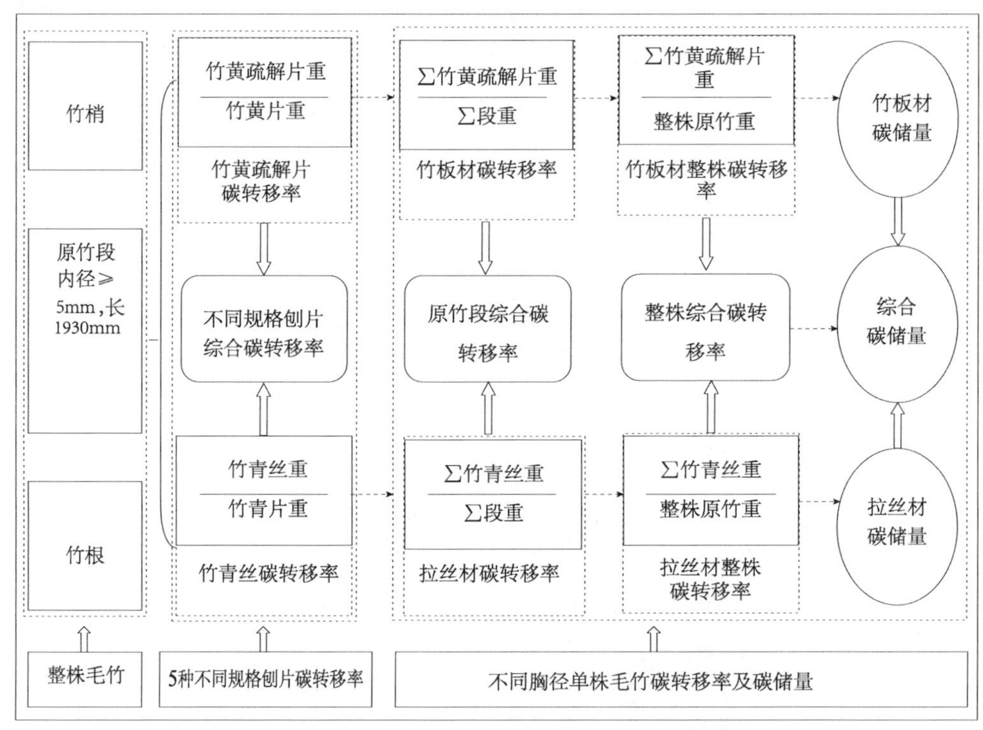

图4.2 重组竹材碳转移率及碳储量计算过程分解示意

Fig.4.2 Schematic diagram of carbon transfer ratio and calculation process of carbon storage

（4）竹黄疏解片加工成重组板材，竹青丝加工成拉丝材。定义单株毛竹截取加工的所有竹黄疏解片重除以所有截取原竹段重为竹板材碳转移率，单株毛竹截取加工的所有竹青丝重除以所有截取原竹段重为拉丝材碳转移率，而单株毛竹截取加工的所有竹黄疏解片和竹青丝重之和除以所有截取原竹段重为单株毛竹原竹段的综合碳转移率。

（5）不同胸径单株毛竹加工成的所有竹黄疏解片重除以整株毛竹竹杆重得到竹板材整株碳转移率，所有竹青丝重除以整株毛竹竹杆重得到拉丝材整株碳转移率，而所有的竹黄疏解片和竹青丝重之和除以整株毛竹竹杆重得到整株综合碳转移率，并与胸径构建相应的碳转移率模型。

（6）将 279 株毛竹的胸径按照每隔 1cm 径阶进行划分，利用胸径概率密度函数分析不同胸径毛竹重组竹材的整株综合碳转移率关系。

（7）将不同胸径单株毛竹竹青丝和竹黄疏解片重之和乘以竹杆的干重比和含碳率，构建不同胸径单株毛竹重组竹材的碳储量模型。

4.2　结果与分析

4.2.1　不同规格刨片的碳转移率分析

4.2.1.1　不同规格竹青片与竹黄片的碳转移率分析

原竹段开片后将粗刨片剖分成竹青片和竹黄片，竹青片拉丝成竹青丝，竹黄片疏解得到竹黄疏解片，分别可得到竹青丝碳转移率和竹黄疏解片碳转移率（表 4.2）。从中可以看出，不同规格竹青丝和竹黄疏解片碳转移率之间有差异（$P<0.05$）。竹青丝碳转移率规格 3 最高，为 43.9%，规格 5 最低，为 37.0%，平均为 39.6%；竹黄疏解片碳转移率从规格 1 到规格 5 逐渐下降，规格 1 最高，为 90.3%，规格 5 最低，为 76.5%，平均为 81.4%。

表4.2　不同规格竹青片和竹黄片的碳转移率

Tab.4.2　Carbon transfer ratio for different specifications of green-barked and de-green-barked bamboo slices

碳转移率	规格 1	规格 2	规格 3	规格 4	规格 5	平均
竹青丝	0.377±0.0640a	0.384±0.0389b	0.439±0.0612c	0.415±0.0538c	0.370±0.0410a	0.396
竹黄疏解片	0.903±0.0753a	0.826±0.0548b	0.792±0.0712c	0.785±0.0529c	0.765±0.1037d	0.814

注：不同字母 a、b、c 和 d 表示不同规格间差异显著（$P<0.05$）

Note：the different letter means the significant difference（$P<0.05$）

4.2.1.2　不同规格刨片的综合碳转移率分析

将竹黄疏解片重除以相应刨片重，得到不同规格刨片的竹黄疏解片碳转移率。不同规格刨片的竹黄疏解片碳转移率从规格 1 到规格 5 呈递减趋势，规格 1 的碳转移率最高，为 59.74%，规格 5 的碳转移率最低，为 36.57%，平均为 47.34%。由于竹青片规格在加工过程中是不变的，因此竹黄片壁厚越大，在刨片中所占比例越大，小头壁厚从规格 1 到规格 5 即从根部到竹梢呈递减趋势，所以离根部越近碳转移率越大，即从规格 1 到规格 5 呈下降趋势（图 4.3）。

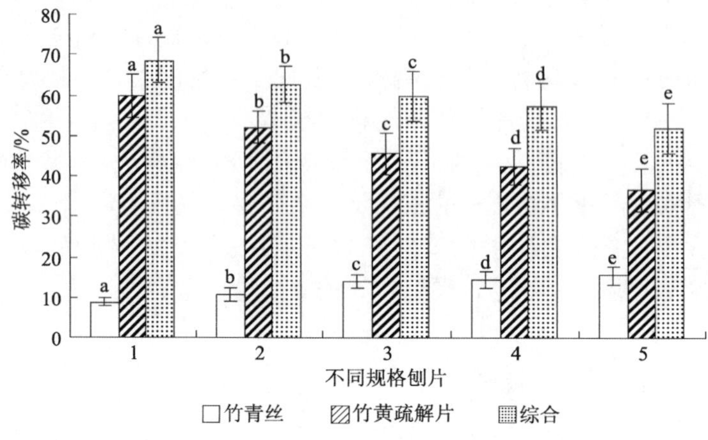

图4.3　不同规格刨片对碳转移率的影响

Fig.4.3　Effect of different specifications in planer process on carbon transfer ratio

注：不同字母a、b、c、d和e表示不同规格间差异显著（$P<0.05$）

Note：the different letter means the significant difference（$P<0.05$）

将竹青丝重除以相应刨片重，得到不同规格刨片的竹青丝碳转移率。从图 4.3 中可以看出，竹青丝的碳转移率从规格 1 到规格 5 逐渐增加，规格 1 的碳转移率最低，为 8.84%，规格 5 的碳转移率最高，为 15.56%，平均为 12.76%。

对重组竹材生产过程中毛竹竹青丝和竹黄疏解片的综合碳转移率进行计算（即竹青丝和竹黄疏解片重之和除以相应规格刨片的重量），5 种不同规格刨片的综合碳转移率分析结果见图 4.3。对不同规格竹青丝和竹黄疏解片的碳转移率进行了方差分析，结果表明不同的规格之间有差异（$P<0.05$）。可见，综合碳转移率从规格 1 到规格 5 呈下降趋势，表明毛竹竹材壁厚越厚，综合碳转移率越高，其中最高的规格 1 为 68.58%，最低的规格 5 为 52.13%，平均为 60.1%。由于毛竹的竹黄部分比竹青部分多，每种规格条件下的竹青丝长、宽、厚都是一样的，因此竹黄片壁厚的变化影响着竹青丝占刨片的比例，竹黄片壁厚越大，竹青片在刨片中所占的比例越小。

4.2.2　不同胸径毛竹的原竹段重组板材和综合碳转移率分析

不同胸径毛竹所截取的重组板材的段数不同，规格也不同。定义单株毛竹截取加工的所有竹黄疏解片重除以所有截取原竹段重为原竹段重组板材碳转移率，所有竹黄疏解片和竹青丝重之和除以所有截取原竹段重为单株毛竹原竹段综合碳转移率。原竹段重组板材和综合碳转移率如图 4.4 所示。其中原竹段重组板材碳转移率与胸径的函数关系为 $y=0.7996x+39.274$，$R^2=0.9835$。单株毛竹用于生产重组板材的碳转移率在 39.4% ～ 56.23%，平均为 47.02%。原竹段重组板材综合碳转移率与胸径的函数关系为 y=0.4525x ＋ 55.482，R^2=0.9255。原竹段重组竹材的综合碳转移率在 49.89% ～ 67.96%，平均为 59.83%。两者都是随着胸径的增加略有增加。

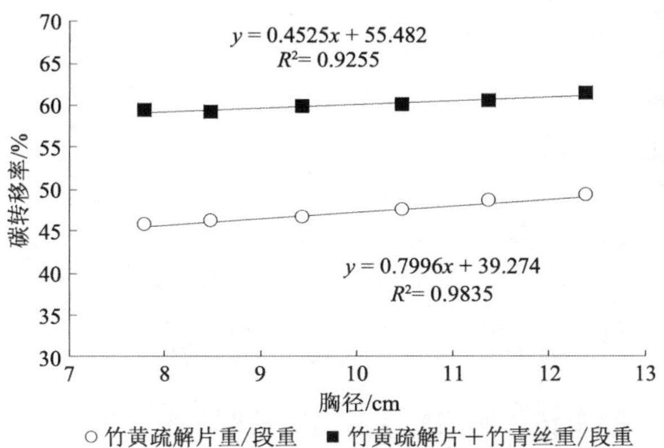

图4.4 不同胸径毛竹的原竹段重组板材和综合碳转移率

Fig.4.4 Relationship between the aggregate carbon transfer ratio of reconstituted bamboo lumber of section and diameter at breast height

4.2.3 不同胸径毛竹的整株重组板材和综合碳转移率分析

整株毛竹除了截取其中壁厚大于 5mm 的原竹段生产重组板材以外，其余的根部和梢头段用于生产其他的产品。毛竹整株重组板材和综合碳转移率与胸径的关系如图 4.5 所示。整株重组板材碳转移率与胸径的关系拟合的方程为 y=1.1020x ＋ 33.277，R^2=0.9349。整株重组板材综合碳转移率与胸径的函数关系为 y=0.8779x ＋ 47.454，R^2=0.8256，整株重组板材综合碳转移率在 46.48% ～ 65.60%，平均为 56.37%。从图 4.5 中可以看出，随着胸径的增加，毛竹整株重组板材和综合碳转移率逐渐增加。

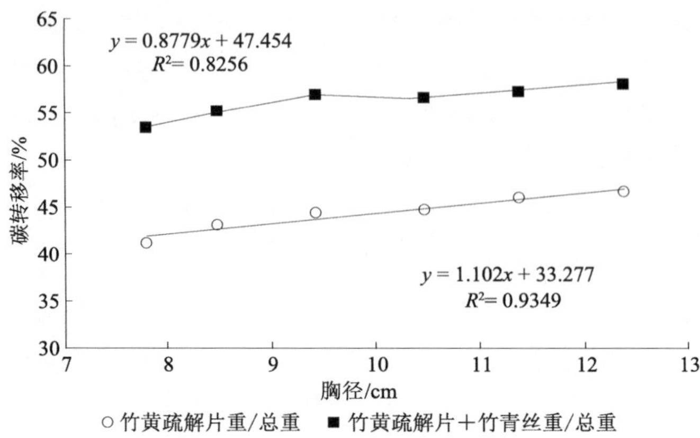

图4.5　不同胸径毛竹的整株重组板材和综合碳转移率

Fig.4.5　Relationship between the aggregate carbon transfer ratio of reconstituted bamboo lumber of whole stem and diameter at breast height

将 279 株毛竹的胸径按照每隔 1cm 径阶进行划分，利用概率密度函数分析毛竹重组板材的整株综合碳转移率与不同胸径的关系，得到整株综合碳转移率的概率密度分布图（图 4.6）。从中可以看出，毛竹整株重组板材综合碳转移率的概率密度函数的波峰随着毛竹胸径的增加而增加，即表明毛竹整株重组板材的综合碳转移率与毛竹胸径呈正相关性。

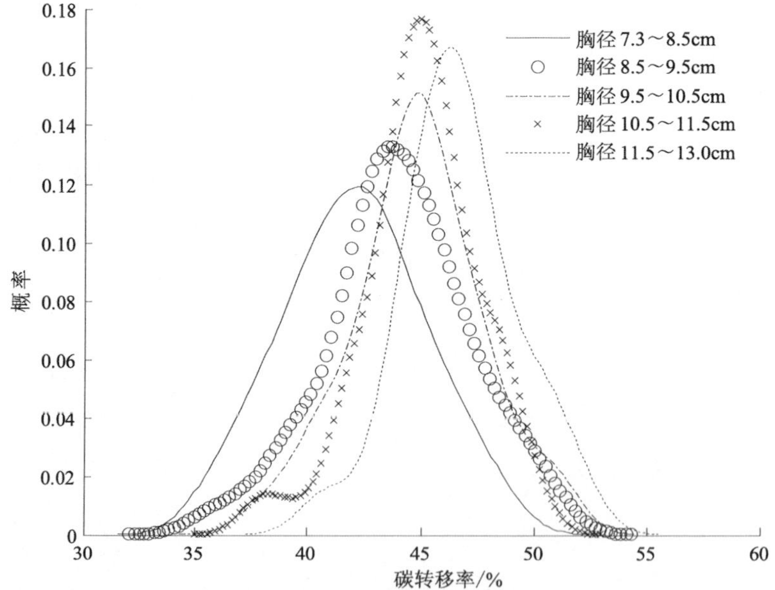

图4.6　不同胸径毛竹重组板材的整株综合碳转移率概率密度

Fig.4.6　The probability density of the combined carbon transfer ratio for whole bamboo plants with different DBHs in producing reconstituted boards

4.2.4　不同胸径毛竹重组板材的碳储量分析

毛竹经过截断、开片、分片、疏解等生产加工重组竹材过程后将碳固定到竹材产品中。将每株毛竹的竹黄疏解片和竹青丝的碳转移率之和，即原竹段综合碳转移率乘以相应段的重量，再乘以竹杆的干重比 0.44 和竹杆的含碳率 0.5415（周国模，2006），计算得到每株毛竹重组板材的碳储量，建立不同胸径单株毛竹的碳储量模型并拟合得 $y=0.0705x^{1.6636}$，$R^2=0.6306$，见图 4.7。从中可以看出，随着胸径的增加，最终转移到重组竹材的碳储量呈指数增加。

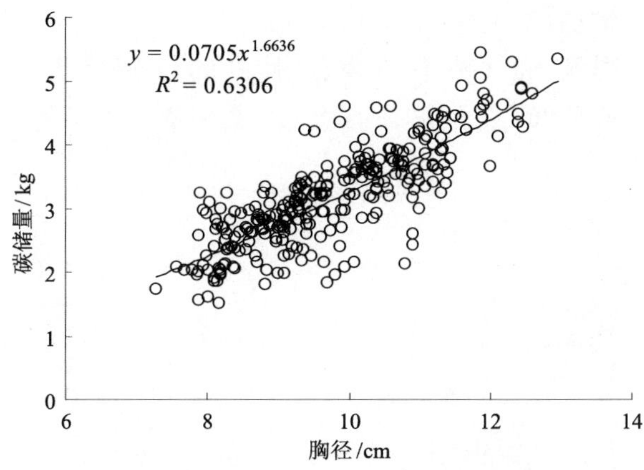

图4.7　不同胸径毛竹重组板材的碳储量

Fig.4.7　Relationship between carbon storage of reconstituted bamboo lumber and diameter at breast height

4.3　小结

（1）从竹青片与竹黄片的碳转移率来分析：竹青丝碳转移率规格 3 最高，为 43.9%，规格 5 最低，为 37.0%，平均为 39.6%；竹黄疏解片碳转移率从规格 1 到规格 5 逐渐下降，规格 1 最高，为 90.3%，规格 5 最低，为 76.5%，平均为 81.4%。

（2）5 种不同规格刨片的综合碳转移率：竹青丝和竹黄疏解片的碳转移率方差分析结果表明不同的规格之间有差异（$P<0.05$）。不同刨片的综合碳转移率从规格 1 到规格 5 呈下降趋势，最高的规格 1 为 68.58%，最低的规格 5 为 52.13%，平均为 60.1%。

（3）不同胸径毛竹原竹段重组板材碳转移率在 39.4% ～ 56.23%，平均为 47.02%，原竹段重组板材碳转移率与胸径的函数关系为 $y=0.7996x+39.274$，$R^2=0.9835$，随着胸径的增加，原竹段重组板材的碳转移率呈略有增加的趋势。不同胸径毛竹原竹段重组竹材综合碳转移率在 49.89% ～ 67.96%，平均为 59.83%，原竹段重组板材综合碳转移率与胸径的函数关系为 $y=0.4525x+55.482$，$R^2=0.9255$，随着胸径的增加，原竹段重组板材综合碳转移率呈略有增加的趋势。

（4）不同胸径毛竹整株重组板材碳转移率与胸径的关系拟合的方程为 $y=1.1020x+33.277$，$R^2=0.9349$。不同胸径毛竹整株重组板材综合碳转移率与胸径的拟合方程为 $y=0.8779x+47.454$，$R^2=0.8256$。毛竹整株重组板材综合碳转移率在 46.48% ～ 65.60%，平均为 56.37%，随着胸径的增加，单株毛竹用于重组板材的比例逐渐增加。

（5）建立不同胸径单株毛竹重组板材的碳储量模型，并拟合得到 $y=0.0705x^{1.6636}$，$R^2=0.6306$。随着胸径的增加，重组板材的碳储量呈指数增加。

5 竹刨切板材碳储量分析

竹刨切片由竹刨切板刨切而成，又称竹薄片，或竹皮，或微薄竹，是采用环保胶黏剂组压毛竹竹条加工成竹集成材，经软化处理后刨切而成的薄片，具有密度高、韧性好、不变形、不干裂、耐磨、耐腐蚀和结实耐用的特点。竹刨切片是一种新型的环保贴面装饰材料，可广泛应用于各类装饰板材的贴面，如家具贴面、橱柜贴面、天花板贴面、壁板贴面及车内装饰等。竹刨切片贴面材料不仅具有竹子的天然纹理、优美朴实的质感，而且产品品质完全可与其他珍贵树种的薄皮相媲美。

5.1 材料与方法

本研究选取了浙江大庄实业集团有限公司福建建阳竹集成板材加工厂进行竹刨切板材的调查。毛竹原产地为福建建阳，调查时间为2012年7~8月。

目前市场上竹刨切片最常见的规格（长×宽×厚，单位mm）为2500×430×0.3。此外占市场比例较少的还有3100mm和2000mm长度规格。本研究选取187株长度截取为2600mm和2000mm、胸径分布为8.0～53.3cm，以及165株长度截取为3200mm和2000mm、胸径分布为9.1～15.2cm共352株毛竹进行实验，分析竹刨切片的各步工艺流程（图5.1）的利用率情况，进而分析其碳转移率的高低。由于不同胸径毛竹具有不同的壁厚及弯曲度（横截面）特性，因此在实际生产中为了提高利用率，3种不同长度的竹材在竹片粗刨和精刨过程中都分成了几种不同的厚×宽规格（表5.1）。

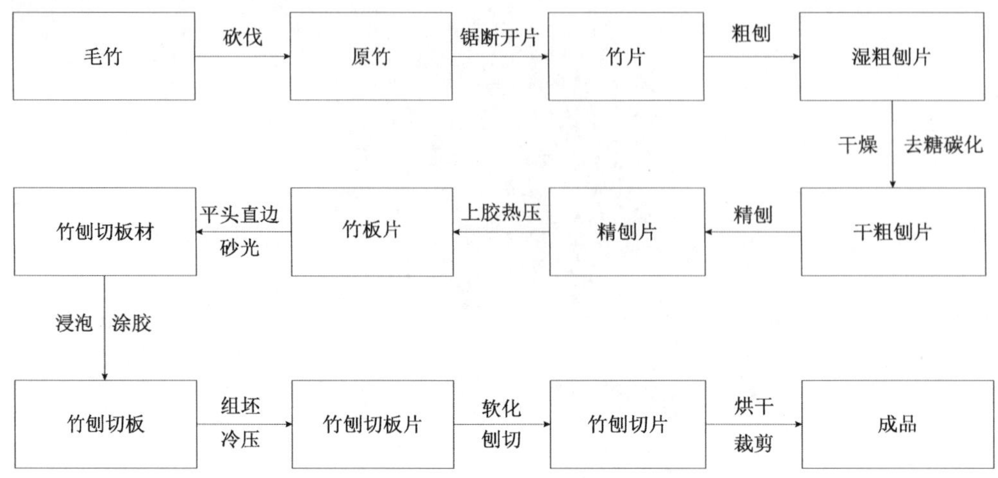

图5.1 竹刨切片生产加工流程

Fig.5.1 Manufacturing process of sliced bamboo veneer

表5.1 竹刨切片加工的规格分类

Tab.5.1 Bamboo veneer processing specifications

	规格 1	规格 2	规格 3	规格 4	规格 5
小头壁厚 /cm	$X \geqslant 1.10$	$1.00 \leqslant X < 1.10$	$0.90 \leqslant X < 1.00$	$0.80 \leqslant X < 0.90$	$0.70 \leqslant X < 0.80$
粗刨	10mm×2.4cm	9mm×2.4cm	8mm×2.4cm	7mm×2.4cm	6mm×2.4cm
精刨	8mm×2.2cm	7mm×2.2cm	6mm×2.2cm	5mm×2.2cm	4mm×2.2cm

注：刨片长度为 2100mm、2600mm、3200mm，宽度为 240mm，规格为厚 × 宽

Note：length：2100mm, 2600mm, 3200mm, width：240mm, specifications is thickness × width

本研究的主要内容及思路如下。

（1）测量每株毛竹竹杆胸径和竹高，根据毛竹的胸径大小，将整株原竹截分为竹刨切板材段（竹壁厚大于 7mm）、拉丝段、梢头段和根部 4 部分。竹刨切板材段根据长度分别截取为 2100mm、2600mm、3200mm，厚度按表 5.1 规格。

（2）将锯断的竹材段先按长度，再根据小头外径和壁厚分成不同的规格，接着对每段竹材进行编号和称重（称重精度为 10g），然后将竹材段原竹锯断开片成竹片；再将不同规格的竹片进行粗刨制成粗刨片，每步都进行称重，计算粗刨前后重量比（同第 3 章粗刨方式）。

（3）把经过去糖碳化、干燥的干粗刨片按不同规格各选择 100 个样本进行

精刨，得到精刨碳转移率（同第 3 章精刨方式）。

（4）不同胸径单株毛竹刨切板材原竹段经粗刨、精刨后的刨片碳储量占原竹段的碳储量比为原竹段刨切板材综合碳转移率。

（5）根据不同胸径单株毛竹刨切板材段经粗刨、精刨后刨片碳储量占整株毛竹竹杆的碳储量比，构建不同胸径毛竹的整株综合碳转移率模型。整株综合碳转移率定义为一株毛竹生产的竹刨切板材的碳储量除以整株毛竹竹杆的碳储量。

（6）以加工 2500mm 长度的竹刨切板材到刨切片为例，计测刨切成厚度为 0.3mm 刨切片过程中砂光、刨切等的损耗。根据 187 株毛竹刨切板材粗刨后粗刨片重量乘以竹杆的干重比和含碳率，再乘以相应规格刨片的精刨碳转移率，最后乘以竹刨切过程中的转移率，建立不同胸径毛竹刨切片的碳储量模型。

5.2　结果与分析

5.2.1　不同规格刨片的粗刨、精刨和综合碳转移率分析

对 3 种长度的刨片分别按 5 种规格进行粗刨碳转移率方差分析，结果表明不同的规格之间有显著性差异（$P<0.01$）。2000mm 长度刨片粗刨过程中规格 4 的粗刨碳转移率最高，为 57.31%，规格 1 的粗刨碳转移率最低，为 52.67%，不同规格厚度的粗刨碳转移率平均为 55.54%。2500mm 长度刨片粗刨过程中规格 5 的粗刨碳转移率最高，为 54.86%，规格 3 的粗刨碳转移率最低，为 50.61%，不同规格厚度的粗刨碳转移率平均为 52.52%。3100mm 长度刨片粗刨过程中规格 2 的粗刨碳转移率最高，为 50.25%，规格 1 的粗刨碳转移率最低，为 45.12%，不同规格厚度的粗刨碳转移率平均为 48.01%。因此，可以得出长度 2000mm 刨片的粗刨碳转移率最高，2500mm 次之，3100mm 最低。竹子圆形中空及根部到顶部逐渐变细的特性，导致了加工长度越长碳转移率越低。

以 2500mm 长度为例，不同规格刨片的粗刨、精刨和综合碳转移率如图 5.2 所示。可以看出粗刨过程中规格 5 碳转移率最高，规格 3 最低；精刨过程中规格 2 碳转移率最高，规格 5 最低；综合碳转移率规格 2 最高，规格 3 最低。规格 1 往往是靠近根部这一段，而规格 5 则是最靠近梢头这一段。原竹由根部从粗变细剧烈，中间段大小头变化比较平缓，因此同一株毛竹往往中间段的碳转移率最大。

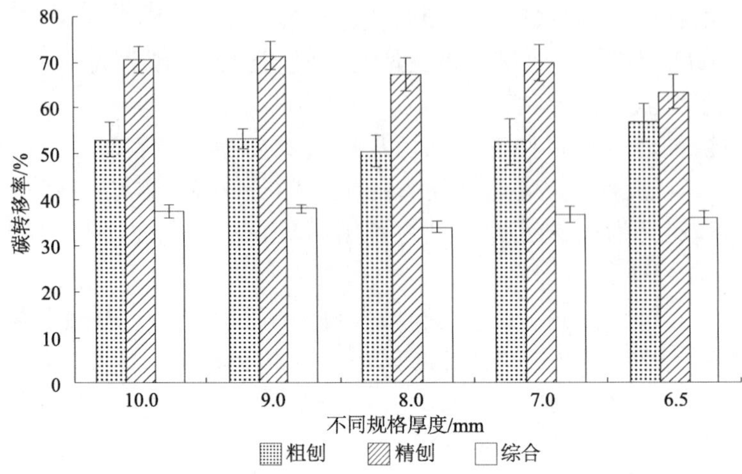

图5.2 2500mm不同规格刨片粗刨、精刨对碳转移率的影响

Fig. 5.2 Effect of 2500mm different specifications in roughly and finely planer process on carbon transfer ratio

5.2.2 不同胸径毛竹刨切板材的原竹段综合碳转移率分析

将不同胸径单株毛竹刨切板材原竹段根据不同规格进行粗刨和精刨后重量除以原竹段重为原竹段综合碳转移率。分 3 种长度分别建立其与胸径函数关系，得到不同胸径毛竹刨切板材的原竹段综合碳转移率（图 5.3）。从中可以看出，随着胸径的增加，刨切板材的原竹段综合碳转移率逐渐增加。

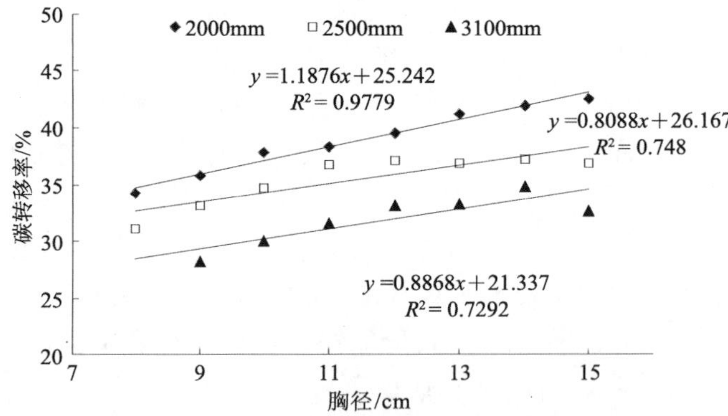

图5.3 不同胸径毛竹刨切板材的原竹段综合碳转移率

Fig.5.3 Relationship between the aggregate carbon transfer ratio of bamboo veneer planks of section and diameter at breast height

其中 2000mm 长竹刨切板材的原竹段综合碳转移率在 30.53%～45.47%，平均为 39.14%，其与胸径的函数关系为 y=1.1876x+25.242，R^2=0.9779；2500mm

长竹刨切板材的原竹段综合碳转移率在27.78%～40.65%，平均为36.34%，与胸径的函数关系为y=0.8088x＋26.167，R^2=0.748；3100mm长竹刨切板材的原竹段综合碳转移率在25.64%～36.73%，平均为32.74%，与胸径的函数关系为y=0.8868x＋21.337，R^2=0.7292。其原因是随着毛竹竹材段长度的增加，碳转移率下降，3100mm长竹刨切板材的原竹段综合碳转移率最低。

5.2.3 不同胸径毛竹刨切板材的整株综合碳转移率分析

不同胸径的毛竹由于其截取的段数不同、刨片的规格不同等，整株毛竹最终转移到竹刨切板材中的碳储量也不同。图5.4中的碳转移率为粗刨和精刨后竹刨片碳储量占整株毛竹竹杆碳储量的比例。研究通过2500mm和3100mm两组实验得到的毛竹刨切板材的整株综合碳转移率与胸径径阶关系曲线（图5.4），发现同样胸径的毛竹刨切板材的整株综合碳转移率2500mm组要比3100mm组高。2500mm组不同胸径毛竹刨切板材的整株综合碳转移率在15.63%～38.57%内呈线性分布，其拟合方程为y=2.6645x－4.0488，R^2=0.9609。3100mm组不同胸径毛竹刨切板材的整株综合碳转移率在16.74%～32.62%内呈线性分布，其拟合方程为y=1.9679x＋0.9557，R^2=0.9203。随着胸径的增加，用于竹刨切板材生产的段数有所增加，而且粗细相对均匀，导致毛竹刨切板材的整株综合碳转移率增加。

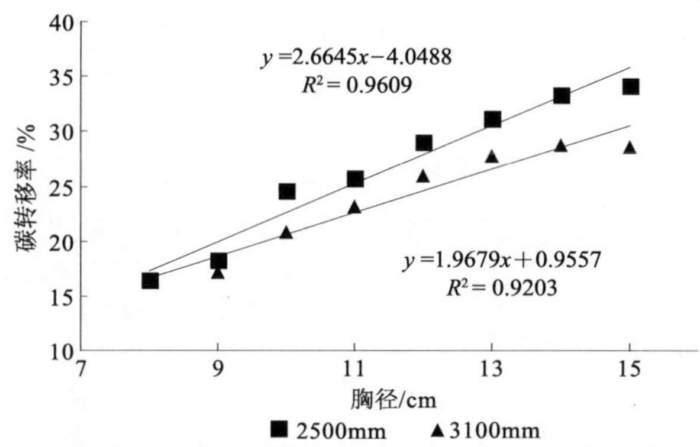

图5.4 不同胸径毛竹刨切板材的整株综合碳转移率

Fig.5.4 Relationship between the aggregate carbon transfer ratio of bamboo veneer planks of whole stem and diameter at breast height

5.2.4 不同胸径毛竹刨切片的碳储量分析

以2500mm长度的竹刨切板材为例，刨切板材要再经刨切形成厚度为0.3mm等的竹刨切片，在这个过程中有砂光、刨切等的损耗，经测算砂光、刨切过程中不同规格竹刨切板材的碳转移率平均为75%。毛竹所吸收的碳也转移到了竹刨切片中，并稳定储存下来，形成竹材产品碳储量。有学者已就不同胸径毛竹竹杆的碳储量进行了测量，本研究结合不同胸径毛竹刨切片的整株综合碳转移率，可计测出不同胸径毛竹刨切片的碳储量，即利用不同胸径毛竹粗刨后粗刨片重量乘以Ⅳ度竹杆的干重比0.44和竹杆的含碳率0.5415，再乘相应规格的精刨及砂光、刨切碳转移率75%，得到每株毛竹转移到竹刨切片中的碳储量。建立不同胸径毛竹刨切片碳储量模型并拟合得 $y=0.003x^{2.6299}$，$R^2=0.7906$，作函数曲线（图5.5）。从中可以看出，随着胸径的增加，转移到竹刨切片的碳储量随之增加，碳储量呈指数增加。

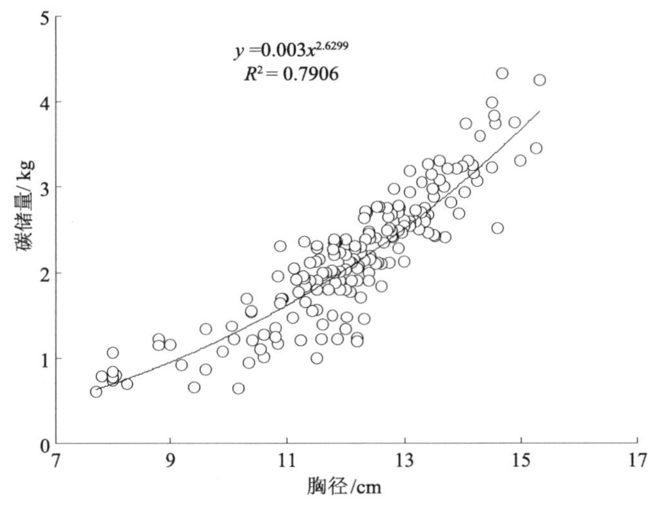

图5.5 不同胸径毛竹刨切片的碳储量

Fig.5.5 Relationship between carbon storage of sliced bamboo veneer and diameter at breast height

5.3 小结

（1）对3种长度5种规格的竹刨片的粗刨碳转移率进行方差分析，表明不同的规格之间有显著性差异（$P<0.01$）。长度2000mm刨片的粗刨碳转移率平均为55.54%；长度2500mm刨片的粗刨碳转移率平均为52.52%，长度3100mm刨片的粗刨碳转移率平均为48.01%，长度越短，粗刨碳转移率越高。以2500mm长度为例，分析不同规格刨片的粗刨、精刨和综合碳转移率，得到粗刨过程中规格5碳转移率最高，精刨过程中规格2碳转移率最高，综合碳转移率规格2最高。

（2）随着胸径的增加，竹刨切板材的原竹段综合碳转移率逐渐增加。其

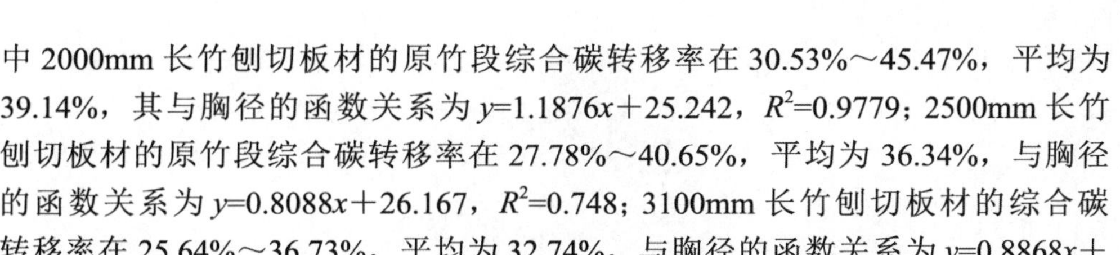

中 2000mm 长竹刨切板材的原竹段综合碳转移率在 30.53%～45.47%，平均为 39.14%，其与胸径的函数关系为 y=1.1876x＋25.242，R^2=0.9779；2500mm 长竹刨切板材的原竹段综合碳转移率在 27.78%～40.65%，平均为 36.34%，与胸径的函数关系为 y=0.8088x＋26.167，R^2=0.748；3100mm 长竹刨切板材的综合碳转移率在 25.64%～36.73%，平均为 32.74%，与胸径的函数关系为 y=0.8868x＋21.337，R^2=0.7292。

（3）随着胸径的增加，毛竹刨切板材整株综合碳转移率增加。2500mm 长不同胸径毛竹刨切板材的整株综合碳转移率在 15.63% ～ 38.57% 内呈线性分布，其拟合方程为 y=2.6645x － 4.0488，R^2=0.9609。3100mm 长不同胸径毛竹刨切板材的整株综合碳转移率在 16.74% ～ 32.62% 内呈线性分布，其拟合方程为 y=1.9679x＋0.9557，R^2=0.9203。

（4）以 2500mm 长度为例，建立了不同胸径毛竹刨切片的碳储量模型：$y=0.003x^{2.6299}$，R^2=0.7906。随着胸径的增加，竹刨切片的碳储量呈指数增加。

6 竹展开板材碳储量分析

原竹无裂纹展开技术是世界性难题，是竹材加工的一次技术革命。该技术将传统生产中使用的原竹段，运用展开技术，将半圆形甚至圆形的竹筒直接展平，解决了竹筒外表面受的压应力和竹筒内表面受的拉应力可相适应的关键性问题。竹展开后的产品是板状的天然材料，可以用于生产竹地板、竹砧板、竹胶板、竹家具、竹工艺品等产品，由于它没有经过传统的开片、粗刨、精刨和胶黏剂拼接过程，生产过程中竹废料少，碳转移率大大提高，产品生态环保，市场前景非常广阔。本章基于对竹展开技术生产去青和带青竹板材工艺流程的调查，提出竹展开板材碳储量的计测方法，揭示和说明竹展开板材的碳转移特征。

6.1 材料与方法

本研究选取了浙江大庄实业集团有限公司的福建顺昌大庄竹业有限公司进行竹展开板材的调查。毛竹原产地为福建顺昌，调查时间为 2012 年 7～8 月。

本研究全程跟踪调查了不同胸径分布（9.4～15.2cm）的 209 株毛竹竹杆生产去青和带青竹板材的各步工艺流程（图 6.1），进而分析各步骤的碳转移率。

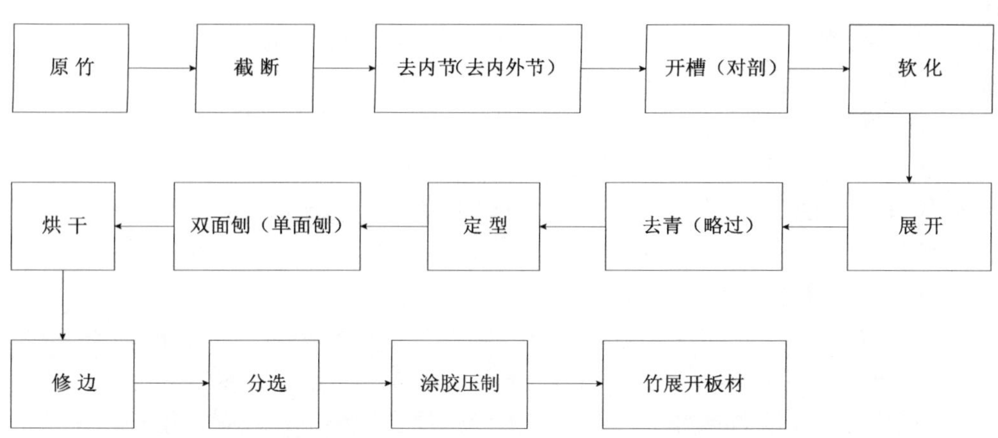

图6.1 去青和带青竹板材加工工艺流程（括号为带青竹板材不同工艺）

Fig.6.1 Manufacturing process for bamboo planks without green bark and with green bark（different process for bamboo planks with green bark in brackets）

由于不同胸径毛竹的壁厚和内径不同，实际生产中为了充分提高利用率，将原竹（竹壁厚大于 7mm）根据小头内径和小头壁厚大小截分为 2 种长度共 7 种规格展开（表 6.1）。

表6.1 竹展开板材加工的规格分类

Tab.6.1 Bamboo unfolding planks processing specifications

	规格 1（去青）	规格 2（去青）	规格 3（带青）	规格 4（带青）	规格 5（去青）	规格 6（去青）	规格 7（去青）
展开前	840×（75 ~ 115）×（≥ 11）	840×（75 ~ 115）×（<11）	1300×85×（10 ~ 11）	1300×85×（9 ~ 10）	1300×（75 ~ 84）×（9 ~ 10）	1300×（75 ~ 84）×（8 ~ 9）	1300×（68 ~ 74）×（7 ~ 8）
双面刨后	840×（75 ~ 115）×10	840×（75 ~ 115）×8			1300×（75 ~ 84）×8	1300×（75 ~ 84）×7	1300×（68 ~ 74）×6
单面刨后			1300×85×9	1300×85×8			
样本数	133	76	133	76	167	178	35

注：规格为段长 × 小头内径 × 小头壁厚（单位 mm）；规格 3、规格 4 加工成带青竹板材；规格 1、规格 2、规格 5、规格 6、规格 7 加工成去青竹板材

Note：specification is length×width×thickness (unit：mm); specification 3、4 process bamboo planks with green bark；specification 1、2、5、6、7 process bamboo planks without green bark

最靠近毛竹根部的第一段，由于竹节致密且竹壁厚度尖削度大而增加了竹展开难度，缩短竹材长度便于展开，因此此段长度为 840mm，按尺寸大小分为规格 1 或规格 2。其余的竹展开段截取长度为 1300mm，每段根据小头内径和小头壁厚大小选择其中一种合适规格进行加工。本研究中规格 3 和规格 4 生产成带青竹板材（可根据需要选取任何规格），带青竹板材可以进一步加工成带青竹地板等；而把规格 1、规格 2、规格 5、规格 6、规格 7 生产成去青竹板材（表

6.1），去青竹板材可进一步加工成竹砧板、竹地板和竹家具等。其中去内节开槽、去青和双面刨工艺为去青竹展开板材所特有，去外节、对剖和单面刨为带青竹展开板材所特有。

由于竹展开产品的正反表面都利用了整块竹展开板材，避免了产品使用时与胶的直接接触，生态环保；而带青竹板材最大限度地保留了竹子表面原有的纹路和色彩等生长足迹，非常迎合时下追求原生态的时尚。

本研究的主要内容及思路如下。

（1）测量每株毛竹竹杆胸径、竹高和重量，根据原竹内径和壁厚的不同，将每株原竹切分为竹展开板材段、拉丝段、梢头段和根部（本节只追踪调查竹展开板材段）。每段竹展开板材在竹壁内侧两端进行编号，并用电子秤称重（精度为 10g）。

（2）去内节、去外节、开槽和去青过程的碳转移率分析。每种规格选取 3 组，每组 10 个样本，分别对其称重（抽样结果进行方差分析显示均无显著性差异，故没有全部调查），计算去青和带青竹板材加工过程中去内节、去外节、开槽和去青每步前后的质量比，计算公式为$\lambda_i=\dfrac{m_i}{M_i}$。由于去节、开槽、去青等每步加工过程中竹材含碳率和含水率前后一致，因此碳转移率大小等同于加工前后的质量比。

（3）刨削过程的碳转移率分析。去青竹板材双面刨分别经过刨削竹青面和竹黄面，带青竹板材经过单面刨即刨削竹黄面，双（单）面刨削是一个精刨过程，刨后表面平整光滑。由于每段竹材壁厚和内径属性特征均不同，因此刨削过程需对每一段竹材（去青 589 段，带青 209 段）都进行调查，包括刨削前竹展开板材的大小头内径和大小头壁厚的测量（分别用皮尺和游标卡尺）及刨削前后的称重。

（4）修边的碳转移率分析。修边是先对每块竹展开板材由梯形修成长方体形状，在后续加工过程中可以根据客户不同要求加工成不同规格的去青竹砧板、竹地板、竹家具和带青竹地板等竹产品，因此修边的碳转移率为修成的长方体的竹板材重比原来梯形的竹板材重。修边前后进行称重和测量。

（5）通过前面的测量可得到不同规格毛竹展开板材加工过程中的各环节和总计碳转移率，分析不同胸径毛竹板材段生产的去青和带青竹板材的原竹段综合碳转移率。利用 209 株不同胸径单株毛竹展开数据，分析毛竹展开板材的整株综合碳转移率及其单株毛竹展开板材的碳储量，构建不同胸径毛竹展开材板的碳储量模型。

上述环节中截断、软化、展开、定型、烘干、分选和涂胶压制过程都没有碳质量的减少，这些过程碳转移率为 100%。

6.2 结果与分析

6.2.1 不同规格去青竹板材生产过程的碳转移率分析

对5种规格589段去青竹板材的去内节、开槽、去青、双面刨和修边环节的碳转移率进行了分析，并计算了整个生产过程的总计碳转移率（图6.2）。从中可以看出，去内节、开槽和修边的碳转移率较高，去内节的平均碳转移率达到98.17%，开槽的平均碳转移率高达98.97%，修边的平均碳转移率为95.76%，5种规格的碳转移率都没有显著性差异。

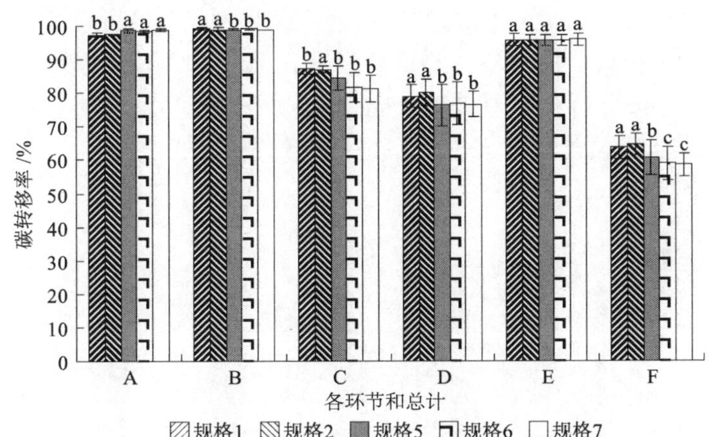

图6.2 不同规格去青竹板材生产过程的碳转移率

Fig.6.2 Carbon transfer ratio for different specifications of bamboo planks without green bark during manufacturing process

A. 去内节；B. 开槽；C. 去青；D. 双面刨；E. 修边；F. 总计
不同小写字母表示不同规格碳转移率间差异显著（$P<0.05$），下同

A. Internal knots removed; B. Slotting; C. Green bark removed; D. Double-sided polishing; E. Trimming; F. Total
Different letters indicated significant difference among specifications at 0.05 level, the same below

去青过程的碳转移率较低，所有规格去掉竹青表面约2mm，其中840mm比1300mm的碳转移率高，且两者有显著性差异，去青过程的碳转移率平均为84.41%。

双面刨的碳转移率也较低，它是将同一种规格竹展开板刨成同一厚度，竹材短则壁厚的变化趋势小，加工过程中的损耗相对更少，因此840mm比1300mm的碳转移率高，且两者有显著性差异。同是840mm段，规格1最后加工成10mm，规格2加工成8mm，由于规格1（壁厚≥11mm）波动更大一些，导致规格2比规格1的碳转移率要高；同样1300mm双面刨的差异不大。双面刨的碳转移率平均为77.80%。

去青竹板材总计碳转移率最高的是规格 2，为 64.66%，最低的是规格 7，为 58.43%，规格 1 和规格 2 即 840mm 段的碳转移率平均为 64.18%，规格 5～规格 7 即 1300mm 段的碳转移率平均为 59.28%，去青竹板材 5 种不同规格的总计碳转移率平均为 61.24%。

6.2.2 不同规格带青竹板材生产过程的碳转移率分析

对规格 3、规格 4 带青竹展开板材（209 段）的去内节、去外节、单面刨和修边的碳转移率进行了分析，并计算了整个生产过程的总计碳转移率（图 6.3）。从中可以看出，两种规格去内节、去外节和修边的碳转移率均较高，去内节和去外节达到 97% 以上，修边也达 95% 以上，两种规格没有显著性差异。单面刨和总计碳转移率规格 4 比规格 3 高，两者有显著性差异，这是因为规格 3 壁厚比规格 4 厚，有部分竹材壁厚大于 9mm，刨削较多，所以碳转移率较低。带青竹展开板材的总计碳转移率规格 3 和规格 4 分别为 72.21% 和 74.76%，平均为 73.49%。

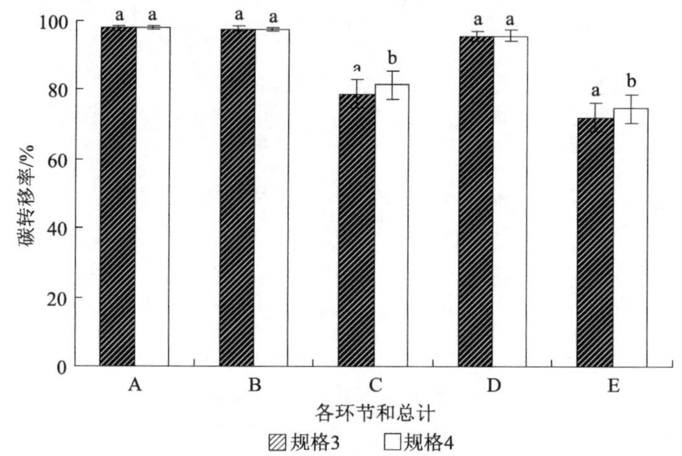

图6.3 不同规格带青竹板材生产过程的碳转移率

Fig.6.3 Carbon transfer ratio for different specifications of bamboo planks with green bark during manufacturing process

A. 去内节；B. 去外节；C. 单面刨；D. 修边；E. 总计

A. Internal knots removed; B. External knots removed; C. Single polishing; D. Trimming; E. Total

比较上面的分析可知，去青竹板材总计碳转移率最高的是规格 2，为 64.66%，最低的是规格 7，为 58.43%，去青竹板材 5 种不同规格的总计碳转移率平均为 61.24%。而带青竹板材的总计碳转移率规格 3 和规格 4 分别为 72.21% 和 74.76%，平均为 73.49%。可以看出，带青竹板材的总计碳转移率明显高于去青竹板材十多个百多点。虽然带青规格3、规格4的壁厚大于去青规格5、规格6、规格7，但小于去青规格1、规格2，且从最终的碳转移结果来看，带青竹板材的碳转移率不仅高于去青规格5、规格6、规格7，而且高于壁厚比它大的规格1、规格2，因此带青竹板材的生产工艺保留了竹青部分，采用了单面刨等工艺，大大提高了碳转移率。

6.2.3　不同胸径毛竹展开板材的原竹段综合碳转移率分析

原竹段综合碳转移率考察的是不同胸径毛竹所有去青和带青竹板材的综合碳转移率。由于不同胸径的毛竹壁厚和内径等特征均不同，因此不同胸径毛竹所截取的去青和带青板材段数量不同，最终导致不同胸径毛竹展开板材的原竹段综合碳转移率也将不同。不同胸径单株毛竹展开板材的原竹段综合碳转移率是把不同胸径展开段原竹加工成的去青和带青竹板材质量与原竹段原竹的质量进行比较（已换算成相同含水率条件下），并作曲线拟合（图6.4）。结果表明，不同胸径毛竹展开板材的原竹段综合碳转移率在52.37%～74.44%，平均为62.57%，其拟合方程为y=2.8665x+29.641，R^2=0.3764。原竹段综合碳转移率是在不同胸径下综合了去青和带青竹板材加工的结果，毛竹展开板材的原竹段综合碳转移率随着胸径的增大而增大，其原因是大径材的毛竹符合生产带青竹板材的段数增多，而带青竹板材碳转移率明显高于去青竹板材，导致原竹段综合碳转移率提高。

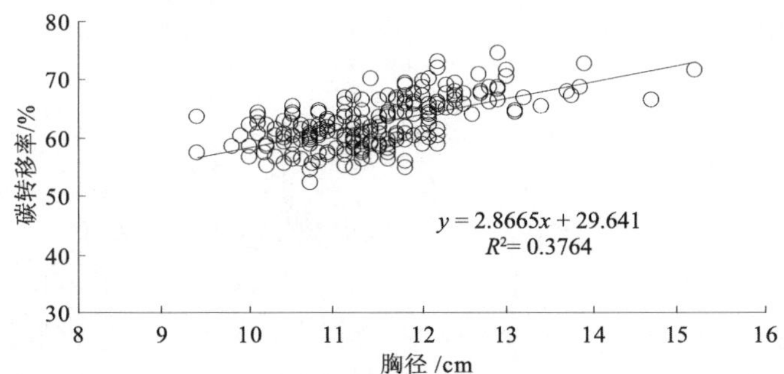

图6.4　不同胸径毛竹展开板材的原竹段综合碳转移率

Fig.6.4　Relationship between the aggregate carbon transfer ratio of bamboo unfolded planks of section and diameter at breast height

6.2.4　不同胸径毛竹展开板材的整株综合碳转移率

整株毛竹除了截取其中壁厚大于7mm的部分生产成竹展开板材以外，其余的将生产成其他的产品。整株综合碳转移率衡量的是不同胸径毛竹其最终的竹展开板材（去青和带青）重占整株竹杆重的比例，以此分析整株竹杆最终的流向和比率。因此，整株综合碳转移率是计算不同胸径竹展开段原竹经过生产加工后竹展开板材占整株竹杆的质量比（图 6.5）。结果表明：不同胸径毛竹展开板材的整株综合碳转移率为 22.25% ～ 67.84%，其拟合方程为 y=8.6462x−60.735，R^2=0.6455。说明根据毛竹胸径的不同，最多有 67.84% 的碳转移到了竹展开板材中，最少有 22.25% 的碳转移到了竹展开板材中。从图 6.5 中可以看出，随着胸径的增大，毛竹展开板材的整株综合碳转移率增大，其原因是随着毛竹胸径的增大，用于生产竹展开板材的段数增加，在整株毛竹中所占的比例也增大，且大径材的毛竹用于生产带青竹板材的段数更多。

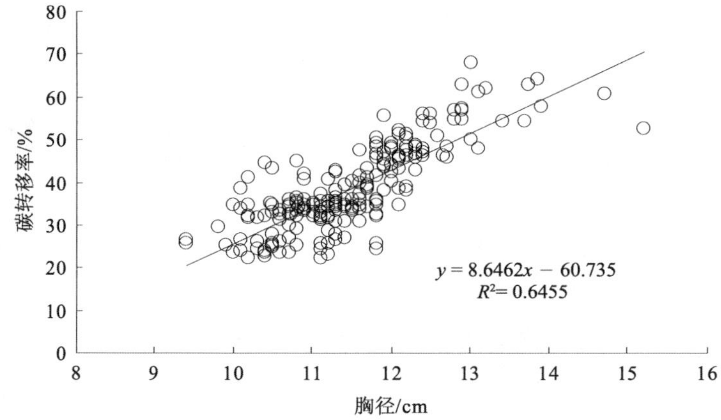

图6.5　不同胸径毛竹展开板材的整株综合碳转移率

Fig.6.5　Relationship between the aggregate carbon transfer ratio of bamboo unfolded planks of whole stem and diameter at breast height

6.2.5　不同胸径毛竹展开板材的碳储量分析

毛竹展开段经过锯断、去内节、去外节、开槽、软化展开、去青、刨削和修边等生产工艺加工成去青和带青竹展开板材，在此过程中将经光合作用储存在毛竹中的碳转移到了竹展开板材中。将不同胸径单株毛竹的竹展开段原竹质量乘以Ⅳ度竹杆的干重比 0.44 和竹杆的含碳率 0.5415（周国模，2006），并乘以不同胸径毛竹展开板材的综合碳转移率，计算出不同胸径毛竹转移到竹展开板材中的碳储量。建立不同胸径单株毛竹展开板材的碳储量模型并拟合得 y=0.0001$x^{4.1377}$，R^2=0.6943，作函数曲线，见图 6.6，据此模型，可以计算出任何区域竹板材产品碳储量的大小。从图 6.6 中可以看出，随着胸径的增加，毛竹展开板材产品的碳储量随之呈指数增加。因此培育大径材的毛竹，有利于增加竹材产品的碳库。

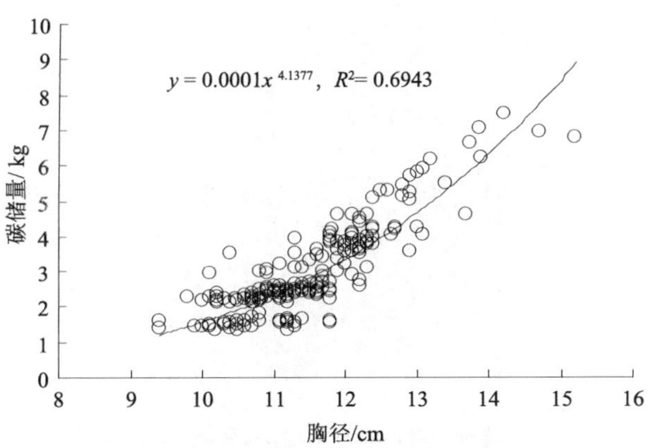

图6.6　不同胸径毛竹展开板材碳储量

Fig.6.6　Relationship between carbon storage of bamboo unfolded planks and diameter at breast height

6.3　小结

（1）带青竹板材的碳转移率明显高于去青竹板材。去青竹板材 5 种不同规格的总计碳转移率平均为 61.24%，840mm 段比 1300mm 段竹材的总计碳转移率高，且两者有显著性差异。带青竹板材的总计碳转移率平均为 73.49%。因此可以看出，带青竹板材由于减少竹青面的刨削等过程，碳转移率平均高于去青竹板材 12.25%。

（2）不同胸径毛竹展开板材（去青和带青）的原竹段综合碳转移率在 52.37%～74.44%，平均为 62.57%，其拟合方程为 y=2.8665x＋29.641，R^2=0.3764。随着胸径的增加，毛竹展开板材的综合碳转移率随之增大。

（3）不同胸径毛竹展开板材的整株综合碳转移率为 22.25% ～ 67.84%，其拟合方程为 y=8.6462x−60.735，R^2=0.6455。随着胸径的增大，毛竹展开板材的整株综合碳转移率增大。

（4）建立不同胸径毛竹展开板材的碳储量模型并拟合得 y=0.0001$x^{4.1377}$，R^2=0.6943。随着胸径的增加，毛竹展开板材的碳储量呈指数增加。

7　竹拉丝材碳储量分析

竹拉丝是将竹材加工成条状，或片状，用于进一步生产竹席、竹筷和竹帘等竹材产品，该竹材消耗量在竹材产品中仅次于竹板材类产品。

7.1　材料与方法

本研究选取浙江省为研究点，并通过在浙江省毛竹产品加工企业较多的安吉、临安、遂昌和龙游等地调研发现：1 株毛竹竹杆通常被分成 4 个部分分别进行加工。一是毛竹最下面的根部，这是竹节最密、最难利用的部分，一般截去 10～20cm 长，以前作为燃料的废根料，近年来也用于加工成小工艺品或烧制成竹炭等；二是竹板材段，这是毛竹最重要也是最主要的部分，为截去竹根后竹壁厚度大于等于 7mm 部分，根据胸径的不同，可以截分为 1～3 段（2m/ 段左右），用于加工成竹板材并进一步生产竹地板、竹家具、竹方料等各类块型的产品；三是拉丝段，这是次主要部分，为截去竹根和竹板材段以后，竹壁厚度大于等于 0.50cm 的部分，通常截为 2～4 段（2m/ 段左右），用于加工成拉丝材并进一步生产竹席、竹筷和竹帘等条状的产品；四是梢头段，这是毛竹的最顶上部分，可用于制作牙签、扫帚和脚手架或烧制成竹炭等。本研究选取第三部分拉丝段并计测进一步加工成竹席丝、竹筷条和竹帘丝等竹产品的碳转移情况。

本研究选取了浙江临安一家具代表性的竹拉丝生产企业。毛竹原竹产地为临安、建德和龙泉，调查时间为 2011 年 7 月 5 ～ 15 日，并于 2012 年 3 月进行补充调查。前后共测量了 179 株不同胸径的毛竹，胸径分布为 6.05 ～ 16.30cm，截取拉丝段并根据竹壁小头厚度，将 0.50～0.90cm 分成 4 种不同的规格，间隔均为 0.10cm，长度均为 2.05m，依照加工拉丝材的工艺流程（图 7.1），粗刨开片成竹青片、竹黄片并进一步拉丝成竹席丝、竹帘丝和竹筷条，测定不同规格加工成竹席丝、竹筷条和竹帘丝各道工序的碳转移率大小。各道工序规格分类见表 7.1。

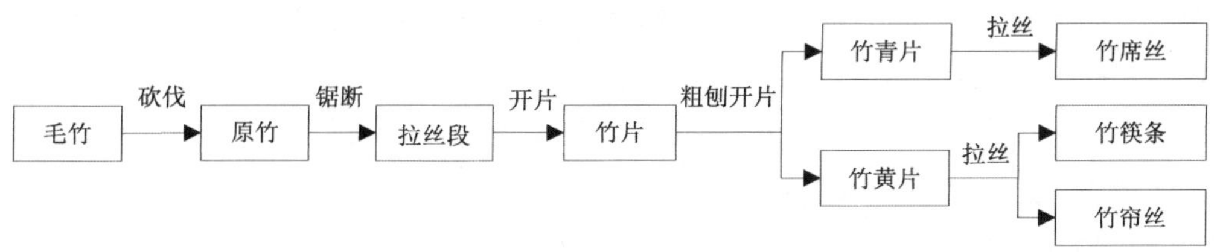

图7.1　毛竹拉丝材加工生产流程

Fig.7.1　Production process of bamboo filar products

表7.1　竹片粗刨加工及拉丝的规格分类

Tab.7.1　Bamboo processing specifications

	规格 1	规格 2	规格 3	规格 4
小头壁厚 /cm	0.80 ≤ X < 0.90	0.70 ≤ X < 0.80	0.60 ≤ X < 0.70	0.50 ≤ X < 0.60
竹青	4.50mm×2.10cm	4.00mm×2.15cm	4.50mm×2.15cm	4.50mm×2.10cm
竹黄	7.00mm×2.15cm	6.00mm×2.15cm	5.50mm×2.15cm	5.00mm×2.15cm
竹席丝	2.00mm×6.00mm	1.90mm×5.50mm	1.80mm×5.50mm	1.60mm×5.50mm
竹筷条	5.00mm×5.00mm	5.00mm×5.00mm		
竹帘丝			2.30mm×2.40mm	2.20mm×2.30mm

注：刨片长度为 2.05m，规格为厚 × 宽

Note：length of planer slice is 2.05m，specification is thickness×width

本研究的主要内容和思路如下。

（1）测量每株毛竹竹杆胸径和竹高，然后用电锯将毛竹根部（即竹根）切平。根据毛竹壁厚的不同，将 1 根毛竹切分成竹板材段、拉丝段、梢头段。选取小头壁厚为 0.50～0.90cm 的拉丝段，用于加工成竹席丝、竹帘丝和竹筷条等。用电子秤称取整株毛竹和竹拉丝段原竹质量，精度为 10g。

（2）用胸径尺和游标卡尺分别测量每段竹子的小头外径和小头壁厚。将作为拉丝材的几段毛竹依据小头壁厚的不同分成 4 种不同规格（表 7.1），长度均为 2.05m，剖开，冲片，再粗刨成竹青片和竹黄片，并分别对其称重，计算粗刨前后竹片和竹青片、竹黄片质量比，即一段毛竹粗刨后竹青片和竹黄片质量除以粗刨前该竹片的质量，计算公式为$\lambda_i=\dfrac{m_i}{M_i}$。由于粗刨前后竹片含碳率和含水率相同，因此粗刨碳转移率大小等同于竹片粗刨前后的质量比。

（3）将竹青片和竹黄片进行拉丝。按照 4 种不同的规格，竹青片拉丝成竹席丝，竹黄片根据厚度的不同，规格 1 和规格 2 拉成竹筷条，规格 3 和规格 4 拉成竹帘丝，并进行称重，得到拉丝过程各环节的碳转移率，并进一步分析毛竹不同规格粗刨和拉丝过程的综合碳转移率。

（4）通过分析 179 株不同胸径单株毛竹拉丝段经粗刨和拉丝后拉丝材碳储

量占毛竹拉丝段和整株毛竹竹杆碳储量的比例，构建不同胸径毛竹拉丝材原竹段和整株综合碳转移率模型。

7.2 结果与分析

7.2.1 不同规格竹片拉丝材的碳转移率分析

7.2.1.1 不同规格竹青片和竹黄片的粗刨碳转移率分析

不同规格的竹片经过粗刨开片加工成竹青片和竹黄片，通过计算粗刨前后的质量比，得到竹青片和竹黄片的粗刨碳转移率，4 种不同规格竹青片和竹黄片的粗刨碳转移率分析结果见图 7.2。对不同规格竹片的粗刨碳转移率进行方差分析，结果表明不同的规格之间有差异（$P < 0.05$）。其中规格 1 碳转移率最高，为 86.68%，规格 4 最低，为 80.02%，平均为 82.72%。表明不同规格对毛竹竹青片和竹黄片的粗刨碳转移率有一定影响，随着小头壁厚的减小，碳转移率呈逐渐下降趋势，其原因为拉丝段竹材随着壁厚的减小其变窄的趋势越大。

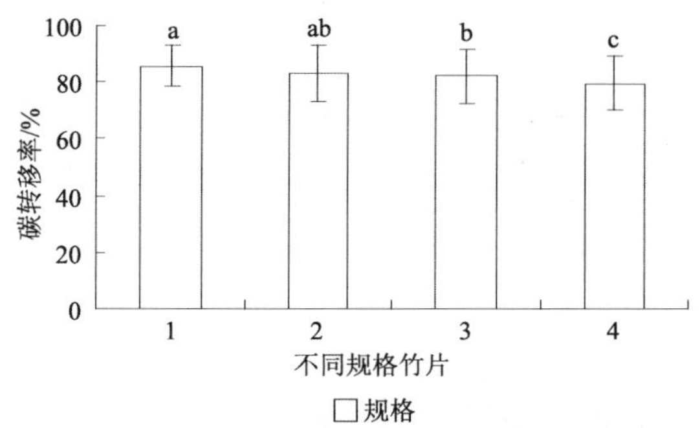

图7.2 不同规格竹青片和竹黄片粗刨碳转移率

Fig.7.2 Carbon transfer ratio of different specifications during bamboo pieces coarse planer process

7.2.1.2 不同规格竹青片和竹黄片拉丝材的碳转移率分析

不同规格的竹青片和竹黄片需进一步加工。每个规格的一片竹青片均加工成 3 根竹席丝，只是厚薄不同。竹黄片则根据厚度的不同，规格 1 加工成 4 根竹筷条，规格 2 加工成 1 根竹筷条和两条相连的竹筷条，规格 3 和规格 4 各加工成 7 根竹帘丝（表 7.1）。通过计算拉丝前后的质量比，可以得出不同规格下 3 种产品拉丝过程的碳转移率，结果见表 7.2。从竹青片到竹席丝的碳转移率平均为 35.75%，其中规格 1 最低，为 33.40%，其原因为规格 1 中有部分竹青片的厚度较大，拉丝成统一规格的竹席丝时浪费较多；竹黄片到竹筷条的碳转移率最高，平均为 51.10%，竹黄片到竹帘丝的碳转移率平均为 36.38%。可见，竹黄部

分生产竹筷条比生产竹帘丝碳转移率高，因此竹黄片的厚度大于等于 6mm 时都加工成竹筷条了。

表7.2　不同规格竹青片和竹黄片拉丝材生产的碳转移率
Tab.7.2　Carbon transfer ratio of material for bamboo filar products with different specifications

规格	竹席丝 / 竹青片	竹筷条 / 竹黄片	竹帘丝 / 竹黄片
1	0.3340±0.0686	0.5404±0.0792	
2	0.3632±0.0801	0.4816±0.1954	
3	0.3674±0.0667		0.3512±0.1216
4	0.3657±0.0985		0.3764±0.1477
平均值	0.3575	0.5110	0.3638

7.2.1.3　不同规格竹片拉丝材的综合碳转移率分析

综合上述两方面的分析，可以得到竹壁厚度不同的竹片经粗刨成竹青片、竹黄片后进一步加工成竹席丝、竹帘丝和竹筷条的比率，即通过计算竹席丝、竹筷条和竹帘丝与相应竹片的质量比，可以得出竹片拉丝材的综合碳转移率，结果见表 7.3。从中可以看出，不同规格的拉丝段到竹席丝的综合碳转移率平均为 11.89%，到竹筷条的综合碳转移率平均为 27.42%，到竹帘丝的综合碳转移率平均为 17.03%。拉丝材综合碳转移率平均为 34.11%。在不同的竹片规格中，规格 1 的综合碳转移率最高，达 39.86%，规格 4 的综合碳转移率最低，仅为 29.78%。不同厚度的竹片，加工成竹筷条的碳转移率要明显高于加工成竹帘丝。

表7.3　不同规格竹片拉丝材的综合碳转移率
Tab.7.3　The aggregate carbon transfer ratio of material for bamboo filar products with different specifications

规格	竹席丝 / 拉丝段	竹筷条 / 拉丝段	竹帘丝 / 拉丝段	拉丝材 / 拉丝段
1	0.1044±0.0110	0.2942±0.0321		0.3986
2	0.1129±0.0147	0.2541±0.0599		0.3670
3	0.1281±0.0292		0.1728±0.0292	0.3009
4	0.1301±0.0175		0.1677±0.0230	0.2978
平均值	0.1189	0.2742	0.1703	0.3411

7.2.2　不同胸径毛竹拉丝材的原竹段综合碳转移率分析

不同胸径的毛竹由于截取的拉丝段原竹数量、壁厚大小不同，由原竹到拉丝材的碳转移率大小也不同。因此，单株毛竹拉丝材的原竹段综合碳转移率计量的是不同胸径单株毛竹所有拉丝段原竹经过粗刨开片和拉丝后拉丝材与所有拉丝段原竹的质量比（图 7.3）。结果表明：不同胸径毛竹拉丝段原竹用于生产拉丝材的原竹段综合碳转移率为24.20%～41.83%，平均为32.51%，其拟合方程为y=0.6256x+26.171，R^2 = 0.1043，随着胸径的增加，原竹段综合碳转移率有一定增加，但相关性不明显。

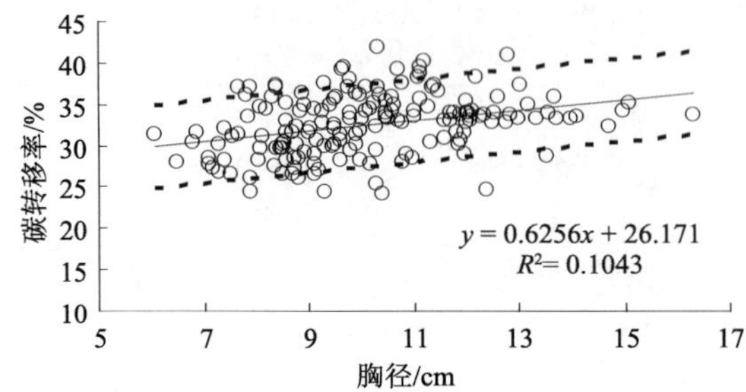

图7.3　不同胸径单株毛竹拉丝材的原竹段综合碳转移率

Fig. 7.3　Relationship between the aggregate carbon transfer ratio of bamboo filar products of section and diameter at breast height

以平均线为基准，将碳转移率上下浮动5%，即y_i=y±5%，作两条平行线，来分析碳转移率聚集程度。结果为落在两条平行线之间的有150个点，占总体的86.21%，说明在这个区间内，大部分毛竹拉丝材的原竹段综合碳转移率聚集在这一区域。拉丝材原竹段综合碳转移率的大小更多地与竹壁厚度相关，直接的因素为规格1和规格2的竹黄片拉丝成竹筷条的碳转移率明显大于规格3和规格4的竹黄片拉丝成竹帘丝的碳转移率。

7.2.3　不同胸径毛竹拉丝材的整株综合碳转移率分析

拉丝段毛竹作为整株毛竹的一部分，只是拉丝段部分竹材的碳转移到了拉丝产品中。整株综合碳移率是衡量不同胸径毛竹的拉丝段经过粗刨和拉丝后拉丝材占整株竹杆的质量比（图7.4）。结果表明：不同胸径毛竹拉丝材的整株综合碳转移率为9.97%～29.30%，平均为18.09%，其拟合方程为y=−0.3446x+21.589，R^2 = 0.0202。在以此为平均线的基础上，以转移率y±5%作两条平行线，其中落在两条平行线之间的有113个点，占总体的64.94%，在此区间内，毛竹拉丝材的整株综合碳转移率还是比较分散。

从图7.4中可以看出，随着胸径的增加，单株毛竹用于拉丝材的比例逐渐减少，其原因为胸径大的竹材用于截取竹板材段和竹拉丝段的数量均增加，但增加的竹板材段由于竹壁更厚，增加的质量也更大些，反而拉丝段的质量在整株毛竹中的比例会下降。一般一株毛竹第一段都用于加工成毛竹竹板材，第四段用于加工成竹拉丝材，但第二段或第三段加工成竹板材还是竹拉丝材则取决于毛竹的壁厚，相近胸径的毛竹壁厚可能不同，导致毛竹拉丝材的整株综合碳

转移率差别较大。因此，碳转移率与胸径的相关性不明显。

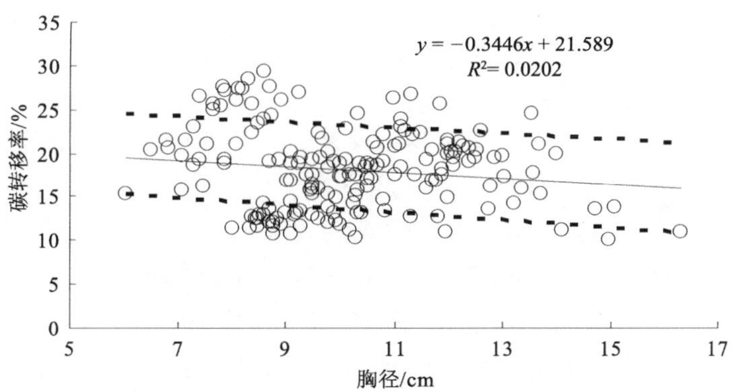

图7.4　不同胸径毛竹拉丝材生产的整株综合碳转移率

Fig.7.4　Relationship between the aggregate carbon transfer ratio of bamboo filar products of whole stem and diameter at breast height

7.2.4　不同胸径毛竹拉丝材的碳储量分析

毛竹拉丝段经粗刨开片、拉丝加工成竹席丝、竹筷条和竹帘丝，将原竹中的碳储量转移到了拉丝竹产品中。将每株毛竹的拉丝段质量乘以Ⅳ度竹杆的干重比 0.44 和竹杆的含碳率 0.5415，计算出每株毛竹转移到拉丝材的碳储量。拟合建立不同胸径单株毛竹拉丝材产品的碳储量模型：$y=0.0065x^{2.2362}$，$R^2=0.6318$。从图 7.5 中可以看出，随着胸径的增加，拉丝材产品的碳储量随之增加，且碳储量呈指数增加。这是因为随着胸径的增加，竹壁厚度处于 0.50～0.90cm 的拉丝段原竹段数增加，导致最终转移到拉丝材产品中的碳储量呈指数增加。

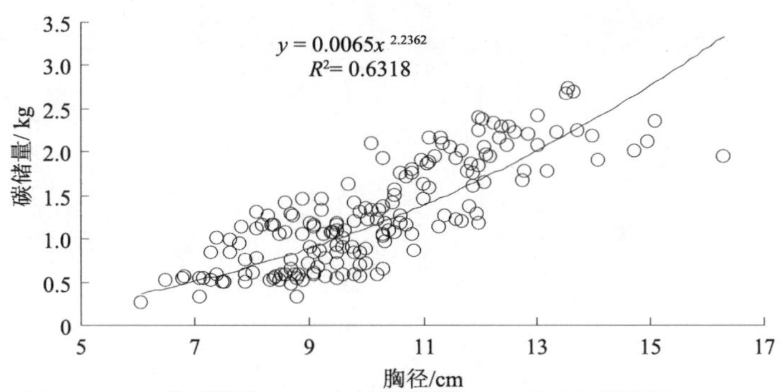

图7.5　不同胸径毛竹拉丝材的碳储量

Fig.7.5　Relationship between carbon storage of bamboo filar products and diameter at breast height

7.3 小结

（1）根据毛竹小头壁厚的不同，将毛竹拉丝段分 4 种不同规格加工成竹青片和竹黄片，4 种不同规格的竹青片和竹黄片粗刨碳转移率有差异（$P < 0.05$）。规格 1 碳转移率最高，为 86.68%，规格 4 最低，为 80.02%，平均为 82.72%。

（2）竹青片和竹黄片进一步加工成竹拉丝（竹席丝、竹帘丝、竹筷条）的碳转移率分析中，竹黄片到竹筷条的碳转移率最高，平均为 51.10%，竹黄片到竹帘丝的碳转移率平均为 36.38%，竹青片到竹席丝的碳转移率最低，平均为 35.75%。综合上述两方面可知，不同规格竹片加工成竹拉丝（竹席丝＋竹帘丝或竹席丝＋竹筷条）的综合碳转移率平均为 34.11%，其中在不同的竹片规格中，规格 1 的综合碳转移率最高，达到 39.86%，规格 4 的综合碳转移率最低，仅为 29.78%。

（3）不同胸径毛竹拉丝段原竹用于生产拉丝材的综合碳转移率为 24.20% ～ 41.83%，平均为 32.51%；不同胸径毛竹拉丝材的整株综合碳转移率为 9.97% ～ 29.30%，平均为 18.09%；建立不同胸径单株毛竹拉丝材产品的碳储量模型并拟合得 $y=0.0065x^{2.2362}$，$R^2=0.6318$。

8　竹材产品总碳储量及增汇潜力分析

运用上述不同竹材产品碳储量模型，以及不同胸径单株毛竹竹材产品碳储量模型，再结合不同竹材产品的生产比例、全国毛竹的立竹量、全国毛竹胸径的 Weibull 分布概率模型，即可推算出全国主要竹材产品的总碳储量。

8.1　竹材产品碳转移率和碳储量比较

本研究共选取了 1000 多株 6～15cm 胸径分布的毛竹，以竹集成板材、竹重组板材、竹刨切板材、竹展开板材和竹拉丝材 5 种最具有代表性的竹材产品为研究对象，通过对各生产企业全程加工流程的跟踪，计测分析竹材产品生产各个工艺环节的碳转移规律，在获取大量样本和翔实数据的基础上，经过数据处理分析，揭示了 5 类竹材产品在加工利用过程中的碳转移特征，构建了不同胸径毛竹在不同生产技术下生产竹材产品的碳转移率和碳储量估测模型（表 8.1）。

表8.1　不同竹材产品碳转移率和碳储量比较

Tab.8.1　Comparison of carbon transfer ratio and carbon storage in different bamboo products

竹材产品	样本胸径 /cm	原竹段平均综合碳转移率 /%	整株综合碳转移率 /%	不同胸径竹材产品碳储量模型
竹集成板材	5.8 ～ 15.8	37.02	10.12 ～ 34.93	y=0.0003$x^{3.627}$
竹刨切板材 3100mm 和 2000mm	9.1～15.2	32.74	16.74 ～ 32.62	y=0.003$x^{2.6299}$
竹刨切板材 2500mm 和 2000mm	8.0 ～ 15.3	36.34	15.63 ～ 38.57	
竹重组板材	7.3～13.0	59.83	46.48～65.60	y=0.0705$x^{1.6636}$
带青竹展开板材	9.4～15.2	73.49	22.25 ～ 67.84	y=0.0001$x^{4.1377}$
去青竹展开板材		61.24		
竹拉丝材	6.05 ～ 16.30	32.51	9.97 ～ 29.30	y=0.0065$x^{2.2362}$

（1）毛竹集成板材碳转移率和碳储量方面：按照毛竹段的小头壁厚将竹集成板材分为 5 种不同规格进行粗刨和精刨测试研究，不同规格的碳转移率有显著差异，粗刨碳转移率视规格不同在 51% ～ 57.31%，平均为 55%，精刨的碳转移率在 60.75% ～ 71.98%，平均为 67%；经粗刨和精刨后，不同规格刨片的综合碳转移率为35.0%～39.7%，平均为37.0%。由于原竹从根部到梢头端由粗变细，单株毛竹集成板材段分段的综合碳转移率从根部往上逐渐增大；不同胸径单株毛竹集成板材的整株综合碳转移率在 10.12% ～ 34.93%，随胸径的增加，单株毛竹用于生产集成竹板材的比例逐渐增加。建立不同胸径单株毛竹集成板材的碳储量模型并拟合得 $y=0.0003x^{3.627}$，$R^2=0.911$。

（2）毛竹重组竹材碳转移率和碳储量方面：单株毛竹原竹段用于生产重组板材的碳转移率在 39.4%～56.23%，平均为 47.02%；单株毛竹原竹段重组板材的综合碳转移率在 49.89%～67.96%，平均为 59.83%。不同胸径毛竹整株重组竹板材碳转移率与胸径的关系拟合的方程为 $y=1.1020x+33.277$，$R^2=0.9349$。不同胸径毛竹整株重组板材（竹青丝加竹黄疏解片）的综合碳转移率在 46.48%～65.60%，平均为 56.37%，随着胸径的增加，单株毛竹用于重组板材生产的比例逐渐增加。建立不同胸径单株毛竹重组板材的碳储量模型：$y=0.0705x^{1.6636}$，$R^2=0.6306$。随着胸径的增加，毛竹整株重组板材的综合碳储量呈指数增加。

（3）毛竹刨切板材碳转移率和碳储量方面：竹刨切板材也是集成材的一种类型，只是长度规格不同，对 3 种长度竹刨片 5 种规格的粗刨碳转移率进行方差分析，表明不同的规格之间有显著性差异（$P<0.01$），长度 2000mm 刨片的粗刨碳转移率平均为 55.54%；2500mm 刨片的粗刨碳转移率平均为 52.52%，3100mm 刨片的粗刨碳转移率平均为 48.01%，长度越短，粗刨碳转移率越高。对单株毛竹刨切板材原竹段的综合碳转移率（粗刨加精刨）进行分析，其中 2000mm 长原竹段的综合碳转移率在 30.53%～45.47%，平均为 39.14%，2500mm 长原竹段的综合碳转移率在 27.78%～40.65%，平均为 36.34%，3100mm 长原竹段的综合碳转移率在 25.64%～36.73%，平均为 32.74%，长度越短，原竹段综合碳转移率越高。分析不同胸径毛竹刨切板材整株综合碳转移率，2500mm 段在 15.63% ～ 38.57% 内呈线性分布，其拟合方程为 $y=2.6645x-4.0488$，$R^2=0.9606$；3100mm 段在 16.74% ～ 32.62% 内呈线性分布，其拟合方程为 $y=1.9679x+0.9557$，$R^2=0.9203$。最后以 2500mm 长度为例，建立了不同胸径毛竹刨切片的碳储量模型：$y=0.003x^{2.6299}$，$R^2=0.7906$。随着胸径的增加，竹刨切片碳储量呈指数增加。

（4）毛竹展开板材碳转移率和碳储量方面：带青竹展开板材的碳转移率明显高于去青竹板材，不同规格带青竹板材的总计碳转移率平均为 73.49%，去青竹板材 5 种不同规格的总计碳转移率平均为 61.24%。不同胸径毛竹展开板材（去青和带青）的原竹段综合碳转移率在 52.37%～74.44%，平均为 62.57%，其拟合方程为 $y=2.8665x+29.641$，$R^2=0.3764$。不同胸径毛竹展开板材的整株综合碳转移率为 22.25% ～ 67.84%，其拟合方程为 $y=8.6462x-60.735$，$R^2=0.6455$。随着胸径的增大，毛竹展开板材的整株综合碳转移率增大。建立不同胸径毛竹展开板材的碳储量模型并拟合得 $y=0.0001x^{4.1377}$，$R^2=0.6943$。随着胸径的增加，毛竹展开板材的碳储量呈指数增加。

（5）毛竹拉丝材碳转移率和碳储量方面：根据毛竹小头壁厚的不同，将毛竹拉丝段分 4 种不同规格加工成竹青片和竹黄片，4 种不同规格的竹青和竹黄的粗刨碳转移率有差异（$P < 0.05$）。不同规格竹片加工成竹拉丝（竹席丝＋竹帘丝或竹席丝＋竹筷条）的综合碳转移率平均为 34.11%；不同胸径毛竹原竹段用于拉丝材生产的综合碳转移率为 24.20% ～ 41.83%，平均为 32.51%；不同胸径毛竹拉丝材的整株综合碳转移率为 9.97% ～ 29.30%，平均为 18.09%；建立不同胸径毛竹拉丝材碳的储量模型并拟合得 $y=0.0065x^{2.2362}$，$R^2=0.6318$。随着胸径的增加，拉丝材的碳储量呈指数增加。

8.2 竹材产品增汇潜力分析

第一部分系统揭示了 5 种主要竹材产品在 3 种生产技术下的碳转移率和碳储量规律，展示了竹材产品碳转移的途径，为进一步增加竹材产品碳储量提供了方法和思路。

（1）培育大径竹材，提高竹材质量。从构建的 5 个基于胸径的碳转移率和碳储量模型看，随着胸径增加碳转移率和碳储量均增加，因此在实际中要着力培育大径竹材：留优伐劣，留大伐小，优化林分地上空间结构；合理施肥，壮鞭孕笋，改善土壤和地下根鞭结构。同时针对有些地方毛竹采伐年龄过小、竹材过嫩而影响利用率的情况，要注意采伐时间。

（2）多技术再循环利用，提高竹材全竹利用效率。原竹段平均综合碳转移率并不高，最高为带青竹展开板材，为 73.49%，最低为竹拉丝材，为 32.51%；从整株综合碳转移来看，竹板材和拉丝材所占比例也不高，因此要加强除竹板材段、拉丝段外竹梢、竹根及废料利用。由于竹子圆形中空及根部到顶部逐渐变细的特性决定了竹材加工利用过程中不可避免地产生大量的废料和竹粉，这些废料可以进一步生产成竹纤维板、竹刨花板等耐用竹材产品，产品碳储量将进一步提高，而竹梢、竹根、废料和竹粉等也需要积极探寻和开发新产品、新发明技术，做到全竹利用和再循环利用，大大提高毛竹整体的碳转移率，增加竹材产品碳储量。

（3）不断创新生产技术，普及高转移率技术。目前从生产竹板材的三种技术：集成技术、重组技术、展开技术分析，不管是从原竹段平均综合碳转移率还是整株综合碳转移率来看，展开技术均高于其他两种技术，重组技术第二，集成技术第三，因此在生产中应向符合条件的企业推广使其采用第一和第二种技术。在调查中也发现，很多竹产区企业已经有这种倾向，这也必将增加竹材产品的碳储量。

（4）提高工艺，加强工人培训。从目前竹材产品的生产工艺来看，有些工艺过程碳损耗较大，如集成技术的粗刨、刨切工艺；重组技术的竹青拉丝；展开技术的单面刨等碳转移率都较低。这一方面需要改进机器，尽最大可能留下需要的竹材，另一方面由于竹材在前期的截断、开片、粗刨、拉丝过程中很多还是依靠生产工人的判断，是否能达到最大程度的利用，工人的素质起非常大的作用，因此要加强工人的业务培训。

（5）产品生产兼顾适用性和长度。从竹材产品的特征看，如刨切板材中3种长度2000mm、2500mm、3100mm的碳储量分析中，长度越短的产品，碳转移率越高，碳储量越大；在展开技术分析中，也得到了相同的结论。因此，在条件允许和不影响使用的情况下，更倾向于生产长度较短的产品，提高碳储量。

参考文献

白彦锋,姜春前. 2009. 伐木制品的涵义及其碳流动的计量方法. 南宁:第二届中国林业学术大会——S10 林业与气候变化论文集,78-83.

白彦锋,姜春前,鲁德. 2006. 木质林产品碳储量计量方法学及应用. 世界林业研究,19 (5):15-20.

白彦锋,姜春前,鲁德,等. 2007. 中国木质林产品碳储量变化研究. 浙江林学院学报,24 (5):587-592.

丁一汇,任国玉,石广玉,等. 2006. 中国气候变化的历史和未来趋势. 气候变化研究进展, 2(1):3-9.

顾蕾,沈振明,周宇峰,等. 2012. 浙江省毛竹竹板材碳转移分析. 林业科学,48 (1):186-190.

李正才,傅懋毅,谢锦忠. 2003. 毛竹竹阔混交林群落地力保持研究. 竹子研究汇刊,22 (1):32-37.

李顺龙,蒋敏元. 2003. 关于森林碳沉降问题初步探讨. 林业工作研究,12:27-42.

林俊成,李国忠. 2003. 台湾地区木质材料消费之碳流动与贮存量研究. 台湾林业科学,12:293-305.

鲁顺保,丁贵杰,彭九生. 2008. 立地条件与毛竹竹材密度和纤维形态关系初探. 福建林业科技,35 (1):55-58.

伦飞,李文华,王震,等. 2012. 中国伐木制品碳储量时空差异. 生态学报,32 (9):2918-2928.

阮宇,张小全,杜凡. 2006. 中国木质林产品碳贮量. 生态学报,26 (12):4212-4215.

王小青,赵行志,高黎,等. 2002. 竹木复合是高效利用竹材的重要途径. 木材加工机械,4:25-27.

吴舒辞,喻寿益,韩健,等. 2004. 毛竹竹材几个热力学特性参数的测试与分析. 中南林学院学报,24 (5):70-75.

肖复明,范少辉,汪思龙,等. 2009. 湖南会同毛竹林土壤碳循环特征. 林业科学,45 (6):11-15.

张建,汪奎宏,李琴,等. 2006. 我国竹材利用率现状分析和建议. 林业机械与木工设备,34 (8):7-9.

周国模. 2006. 毛竹林生态系统中碳储量、固定及其分配与分布的研究. 杭州:浙江大学博士学位论文.

周国模，姜培坤. 2004. 毛竹林的碳密度和碳储量及其空间分布. 林业科学，40（6）：20-24.

周宇峰，顾蕾，刘红征，等. 2013. 基于竹展开技术的毛竹竹板材碳转移分析. 林业科学，49（8）：96-102.

张亚梅，余养伦，于文吉. 2009. 热处理对毛竹竹材颜色变化的影响. 木材工业，23（5）：5-7.

赵仁杰. 2000. 径向竹篾帘复合板系列产品的研制. 林业科技开发，14（3）：29-31.

赵仁杰，杜春贵. 2002. 构成单元的几何形态对竹质胶合板影响的综合评价. 林产工业，2：10-14.

浙江省林业厅. 2014. 浙江省森林资源年度公报.

Apps M J，Kurz W A，Beukema S J，et al. 1999. Carbon budget of the Canadian forest product sector. Environmental Science & Policy，2：25-41.

Bateman I J，Lovett A A. 2000. Estimating and valuing the carbon sequestered in softwood and hardwood trees，timber products and forest soils in Wales. Journal of Environmental Management，60：301-323.

Benítez P，McCallum I，Obersteiner M，et al. 2004. Global supply for carbon sequestration：identifying least-cost afforestation sites under country risk considerations. Interim Report (IR-04-022). http：//www. iiasa. ac. at [2004-12-30].

Borjesson P，Gustavsson L. 2010. Greenhouse gas balances in building construction：wood versus concrete from life-cycle and forest land-use perspectives. Energy Policy，28：575-588.

Borough C，Crawford H. 2001. The development of a national wood products model. *In*：Schlamadinger B，Woess-Gallaseh S A. Cowie Carbon Accounting and Emissions Trading Related to Bioenergy. Canberra：Wood Products and Carbon Sequestration IEA Bioenergy Task 38：Workshop in Canberra/Australia：57-76.

Chen J，Colombo S J，Ter-Mikaelian M T，et al. 2010. Carbon budget of Ontario's managed forests and harvested wood products 2001-2100. Forest Ecology and Management，259：1385-1398.

Cramer W，Bondeau A，Woodward F I，et al. 2001. Global response of terrestrial ecosystem structure and function to CO_2 and climate change：results from six dynamic global vegetation models. Global Change Biology，7：357-373.

Dias A C，Louro M，Arroja L. 2007. Carbon estimation in harvested wood products using a country-specific method：portugal as a case study. Environmental Science & Policy，10：250-259.

Dias A C，Louro M，Arroja L，et al. 2009. Comparison of methods for estimating carbon in harvested wood products. Biomass and Bioenergy，33：213-222.

Dias A C，Louro M，Arroja L，et al. 2005. The contribution of wood products to carbon sequestration in Portugal. Annals of Forest Science，62：903-909.

Du H，Zhou G，Fan W，et al. 2010. Spatial heterogeneity and carbon contribution of aboveground biomass of Moso bamboo by using geostatistical theory. Plant Ecology，207：131-139.

Ericsson E. 2003. Carbon accumulation and fossil fuel substitution during different rotation scenarios. Scandinavian Journal of Forest Research，18：269-278.

Green C，Avitabile V，Farrell E P，et al. 2006. Reporting harvested wood products in national greenhouse gas inventories：implications for Ireland. Biomass Bioenergy，30：105-114.

Hennigar C R，MacLean D A，Amos-Binks L J. 2008. A novel approach to optimize management strategies for carbon stored in both forests and wood products. Forest Ecology and Management，256：786-797.

Hashimoto S，Nose M，Obara T，et al. 2002. Wood products：potential carbon sequestration and impact on net carbon emissions of industrialized countries. Environmental Science & Policy，5：183-193.

Houghton R A. 1996. Converting terrestrial ecosystems from sources to sinks of carbon. Ambio，25（4）：267-272.

HariPriya G A. 2001. Framework for assessing carbon flow in Indian wood products. Environment Development and Sustainability，3：229-251.

Hashimoto S，Moriguchi Y. 2004. Data book：material and carbon flow of harvested wood in Japan. Ibaraki：Intergovernmental Panel on Climate Change National Institute for Environmental Studies.

IPCC. 2003. Estimation，reporting and accounting of harvested wood products–technical paper. UNFCCC paper FCCC/TP/2003/7，UNFCCC Secretariat，Bonn，Germany.

IPCC. 2006. IPCC guidelines for national greenhouse gas inventories. Hayama：IGES.

IPCC. 2011. Climate Change 2001：the Scientific Basis. Combridge. New York：Combridge University Press.

Kajalainen T，Kellomaki S. 1995. Simulation of forest and wood product carbon budget under a changing climate in Finland. Water，Air and Soil Pollution，82（1-2）：309-320.

Krankina O N，Harmon M E，Winjum J K. 1996. Carbon storage and sequestration in the Russian forest sector. Ambio，25（4）：284-288.

Kurz M A，Apps M J，Webb T M，et al. 1992. The carbon budget of the Canadian forest sector; phase 1. Northwest Region Information Report NOR-X-326. Forestry Canada. Northwest Region，Northern Forestry Centre，Edmonton，AL.

Kurz M J A A. 1994. The role of canadian forests in the global carbon budget. SILMU：12-20.

Lobovikov M，Paudel S，Piazza M，et al. 2007. World bamboo resources：a thematic study prepared in the framework of the Global Forest Resources Assessment，2005. Food and Agriculture Organization of the United Nation：1-87.

Lim B，Brown S，Schlamadinger B. 1999. Carbon accounting for forest harvesting and wood products：review and evaluation of different approaches. Environmental Science & Policy，2：207-216.

Mcfarlane P，Ford-Robertson J. 2001. Chairman's summary：harvested wood products workshop. Rotorura，New Zealand. *In*：Sehlamadinger B，Woess-Gallaseh S A. Cowie Carbon Accounting and Emissions Trading Related to Bioenergy. Canberra：Wood Products and Carbon Sequestration IEA Bioenergy Task 38：Workshop in Canberra/Australia：77-83.

Miner R. 2006. The 100-year method for forecasting carbon sequestration in forest products in use. Mitigation and Adaptation Strategies for Global Change：1573-1596.

Nabuurs G J，Mohren G M. 1993. Carbon Fixation Through Forestation Activities. IBN Research Report 93/4，Institution for Forest and Nature Research（IBN-DLO）. Wangeningen，The Netherlands：205.

Nabuurs G J，Mohren G M. 1995. Modelling analysis of potential carbon sequestration in selected forest types. Canadian Joumal of Forest Research，25（7）：1157-1172.

Nunery J S，Keeton W S. 2010. Forest carbon storage in the northeastern United States：net effects of harvesting frequency，post-harvest retention，and wood products. Forest Ecology and Management，259：1363-1375.

Pingoud K，Perälä A L，Soimakallio S，et al. 2003. Greenhouse gas impacts of harvested wood products. Evaluation and development of methods. VTT research notes 2189. Espoo：VTT Technical Research Centre of Finland.

Pingoud K，Perälä A L，Pussinen A. 2001. Carbon dynamics in wood products. Mitigation and Adaptation Strategies for Global Change，6：91-111.

Peterson A K，Solberg B. 2003. Substitution between floor constructions in wood and natural stone：comparison of energy consumption，greenhouse gas emissions and costs over the life cycle. Canadian Journal of Forest Research，33：1061-1075.

Row C，Phelps B. 1996. 'Wood carbon flows and storage after timber harvest'，forests and global change：Volume 2. *In*：Sampson H. Forest Management Opportunities for Mitigating Carbon Emissions. Washington DC：American Forests.

Schimel D S，House J I，Hibbard K A，et al. 2001. Recent patterns and mechanisms of carbon exchange by terrestrial ecosystems. Nature，414：169-172.

Skog K E，Pingoud K，Smith J E. 2004. A method countries can use to estimate changes in carbon stored in harvested wood products and the uncertainty of such estimates. Environmental Management，33：S65-73.

Watson R T，Noble I R，Bolin B，et al. 2000. ITCC Special Report on Land Use. Land Use Change and Forest：18-24.

Watson R T，Zinyowera M C，Moss R H. 1996. IPCC. Climate Change 1995-Impacts，Adaptations and Mitigation of Climate Change：Scientific-Technical Analyses. Contribution of Working Group II to the Second Assessment Report of the Intergovernmental Panel on Climate Change.

Cambridge：Cambridge University Press.

Werner F，Taverna R，Hofer P，et al. 2006. Greenhouse gas dynamics of an increased use of wood in buildings in Switzerland. Climatic Change，74：319-347.

Winjum J K，Brown S，Schlamadinger B. 1998. Forest harvests and wood products：sources and sinks of atmospheric carbon dioxide. Forest Science，44：272-284.

第二部分

竹材产品碳足迹研究

9 国内外碳足迹研究进展

9.1 研究背景

随着全球人口和经济不断增长，人类活动产生的温室气体加速了全球气候变化及环境影响。根据气候科学家的计算，到 2050 年，全球二氧化碳排放当量的水平与 2000 年相比必须减少 85%，才能使全球平均气温与工业化以前的水平相比上升不超过 2℃，而高于这个温升水平将会给人类和生态系统带来无法预计的影响。因此，当前迫切的任务是需要政府和企业共同努力，减少温室气体的排放。在衡量二氧化碳的排放时，“碳足迹”是一个重要的指标，它主要包括国家、企业（组织）、产品和个人碳足迹四大层面，其中组织和产品碳足迹的核算影响最大（王晨曦，2012）。目前国际上制定的碳足迹评价标准主要集中于产品碳足迹的评价，如英国的 PAS 2050、日本的 TSQ 0010 及 ISO 14067 标准（草案）等，都给产品碳足迹认证和环境标签制定提供了重要执行依据。

尽管目前发达国家在削减碳足迹方面发挥着领导作用，但我国是贸易大国，意味着在二氧化碳减排方面可以发挥举足轻重的作用。作为一个负责任的大国，中国承诺到 2020 年单位国内生产总值二氧化碳排放比 2005 年下降 40%～45%，并已签署和全面推进落实《巴黎协定》。中国环境保护部（以下简称环保部）于 2009 年 10 月宣布将实施产品碳足迹及碳标签计划，国家发展和改革委员会（以下简称发改委）于 2012 年提出自愿减排交易活动并已在 7 个省市开始试点，加入自愿减排的城市对碳排放量进行配额并定期核查，促使企业挖掘减少碳排放的潜力。中国银行业监督管理委员会（以下简称银监会）也于 2013 年 11 月提出将企业产品碳排放指标作为银行信贷标准之一；《中国应对气候变化政策与行动白皮书（2013）》也明确了之后 5 ～ 10 年的减排目标，在“十三五”期间，单位 GDP 能源消耗年均累计下降 15%，单位 GDP 二氧化碳排放年均累计下降

18%，并倡导发挥企业减排的主体责任，推进社会公众积极购买低（零）碳产品和服务等。国际上，国际社会经坎昆、德班及多哈会议就后京都时代如何减少温室气体排放未达成一致协议，但发达国家正积极寻求其他途径实现共同减排，包括通过技术性门槛影响贸易，迫使发展中国家加入减排计划之中，产品碳足迹就是其中最为重要的技术性门槛。目前，英、日、法、美等十多个国家皆已开始实行碳足迹认证制度，全球众多知名跨国企业如宜家、沃尔玛等均明确表示将实施碳足迹标签，产品碳足迹认证将成为后京都时代重要的贸易壁垒。

产品碳足迹是指衡量产品或服务在整个生命周期中累计排放的二氧化碳和其他温室气体的总量，并用可量化的指数标示出来（碳标签），是核算企业生产活动对外界的净碳排放量的大小，也是企业碳排放报告的主要内容和自愿减排的基础。它一方面帮助企业在产品设计、生产和供应过程中寻找降低碳排放的机会，另一方面通过碳标签引导消费者选择低碳产品，进一步促进企业减排。面对国内外一致的减排要求，中国企业若不能积极应对，未来将很难在国际和国内市场上竞争和生存。碳足迹认证将成为企业参与环境保护、承担社会责任、实现企业发展的新坐标。

但目前国内外的研究较多集中在宏观层面，如城市、地区的碳排放评估（Hertwich and Peters，2009；Sovacool and Brown，2010；刘韵等，2011）；在微观层面产品碳足迹的研究较少，特别是像竹材产品之类本身包含碳储存的产品。竹子在生长过程中吸收的二氧化碳会在竹材产品的生产过程中转移储存在新产品中，并以负的二氧化碳排放当量在最终的碳足迹中扣除。根据研究，毛竹在不同的利用方式如展开技术、集成技术、重组技术下最终的碳转移率不同（顾蕾等，2012；周宇峰等，2013），因此对竹材产品最终碳足迹的影响也将不同。这类产品碳足迹（净碳排放）大小如何，碳转移储存的影响如何，减排潜力怎样，相关研究还鲜有报道。

我国是世界上竹子资源最丰富的国家，2014 年我国竹产业总产值达 1845 亿元（林业统计年鉴），竹产业已经成为我国林业“十二五”期间重点发展的十大主导产业之一和农民家庭经济收入的主要来源。近年来由于竹材的韧性好、硬度高等特点及新工艺技术的运用，其已被广泛运用于制造竹地板、竹家具、竹胶合板和竹刨花板等建筑装饰和其他领域产品（Lobovikov et al.，2007），竹材产品行业呈现持续快速发展的态势，其中竹地板年产量已从 1998 年的 30 万 m^2 发展到 2011 年的 4692.6 万 m^2，60%～70%出口，占世界竹地板市场 90% 份额（邓金龙等，2010）。由于竹子具有强大的固定 CO_2 的功能及可以持续采伐的特点，其砍伐后生产的竹材产品中的碳并未立即全部排放，而是转移储存在竹材产品中，形成了巨大的竹材产品碳库，对实现我国“森林增汇”的目标具有重要意义。因此对竹材产品的碳足迹进行评估，将增强企业直接减排和间接减

排的能力，实现竹材产品行业的低碳可持续发展。

9.2 国内外碳足迹研究综述

9.2.1 碳足迹及相关概念

近年来，国内外学者从宏观的国家、地区、产业层面及微观的企业、产品、家庭层面，用不同的方法展开碳足迹的研究，各国政府和相关机构也纷纷制定了碳足迹评价标准和规范，下面主要就碳足迹的概念及产品碳足迹评估做现状和趋势的分析。

1）碳足迹的概念

“足迹”这个概念最早起源于哥伦比亚大学 Wackernagel 和 Rees（1996）提出的生态足迹的概念，即要维持特定人口生存和经济发展所需要的或者能够吸纳人类所排放废物的、具有生物生产力的土地面积。碳足迹虽起源于生态足迹的概念，但有其特有的含义，即考虑了具全球变暖潜能的温室气体排放量的衡量。

维德曼等列出了碳足迹的不同定义，并对碳足迹的概念进行了明确的界定和探讨。他们将碳足迹定义为：一项活动中直接和间接产生的二氧化碳排放当量，或者产品在各生命周期阶段累积的二氧化碳排放当量，并明确指出碳足迹是对二氧化碳排放当量的衡量，且用重量单位表示。Hammond（2007）在 *Nature* 上发表文章强调碳足迹是一个人或一项活动所产生的“碳重量”，甚至建议称碳足迹为“碳重量”。而欧盟对碳足迹的定义是一个产品或服务在整个生命周期中所排放的二氧化碳和其他温室气体的总量。荷威奇（Hertwich）和波都（Baldo）等学者也将碳足迹定义为一个产品的供应链或生命周期所产生的二氧化碳和其他温室气体的排放总量。联合国政府间气候变化专门委员会（Intergovernmental Panel on Climate Change，IPCC）认为“碳足迹”是衡量人类活动释放的或是在产品或服务的整个生命周期累计排放的二氧化碳和其他温室气体的总量（IPCC，1992）。

综合碳足迹的各种定义，一般认为应将碳足迹的概念在维德曼和敏克斯定义的基础上进一步修改比较合理，即一项活动、一个产品（或服务）的整个生命周期、或者某一地理范围内直接和间接产生的二氧化碳排放量（或二氧化碳当量排放量）。

2）碳足迹的分类

根据碳足迹研究对象和研究尺度等的不同，碳足迹的分类也不尽相同。例如，按照研究对象不同，碳足迹可分为产品碳足迹、企业碳足迹和个人碳足迹；按照研究尺度不同，碳足迹可分为国家碳足迹、区域碳足迹和家庭碳足迹；按照计算边界和范围不同，碳足迹又可分为直接碳足迹和间接碳足迹。此外，也可以依照 IPCC 的分类方法，按部门不同将碳足迹分为能源部门碳足迹、工业过程和产品使用部门碳足迹、农林和土地利用变化部门碳足迹、废弃物部门碳足迹等。

产品碳足迹是指产品或服务从“摇篮”到“坟墓”的整个生命周期中所产生的二氧化碳排放量（或二氧化碳当量排放量）。

企业碳足迹是指在企业所界定的范围内直接和间接产生的二氧化碳排放量（或二氧化碳当量排放量）。

个人碳足迹是指每个人日常生活中衣、食、住、行等所导致的二氧化碳排放量（或二氧化碳当量排放量）。

3）碳足迹的计算方法

碳足迹的计算方法多种多样，包括投入产出法（input-output，I-O）、生命周期评价法（life cycle assessment，LCA）、《2006 年 IPCC 国家温室气体清单指南》计算方法（下文简称 IPCC 法）、碳足迹计算器等，而尤以 I-O 法、LCA 法和 IPCC 法应用较多。

I-O 法是由美国经济学家瓦西里·列昂惕夫（Wassily Leontief）创立的，目前已经作为一种成熟的工具广泛应用于经济学领域。I-O 法利用投入产出表进行计算，通过平衡方程反映初始投入、中间投入、总投入，中间产品、最终产品、总产出之间的关系，反映其中各个流量的来源与去向，也反映各个生产活动、经济主体之间的相互依存关系。投入产出法是一种自上而下的计算方法，计算过程缺少详细的细节，但模型一旦建立比较省时省力，比较适合于宏观尺度上温室气体排放的计算。

LCA 法是评估一个产品、服务、过程或活动在其整个生命周期内所有投入及产出对环境造成的和潜在的影响的方法，是传统的从“摇篮”到“坟墓”的计算方法。LCA 法是一种自下而上的计算方法，计算过程比较详细和准确，适合于微观层面碳足迹的计算。目前其在碳排放评估方面的应用主要集中于产品或服务的碳足迹计算，且已有成熟的相关标准供参考，如英国标准协会（British Standard Institute, BSI）的 PAS 2050：2008，国际标准化组织制定的《商品和服务在生命周期内的温室气体排放评价规范》ISO 14067 标准。

IPCC 法是指联合国政府间气候变化委员会编写的国家温室气体清单指南提供的计算温室气体排放的详细方法，其已成为国际上公认和通用的碳排放评估方法。在 IPCC 的指南（2006）中，IPCC 法将研究区域分为能源部门、工业过程和产品使用部门、农林和土地利用变化部门、废弃物部门四大部门。

针对不同的部门，IPCC 法对碳足迹的计算往往不完全相同，但最简单最常用的方法是：碳排放量＝活动数据 × 排放因子。由于生产工艺、地域分布和技术水平等的差异，各国的排放因子往往不同。IPCC 给出了不同生产工艺和不同国家的各种缺省排放因子，在没有相关数据的情况下可以直接采用 IPCC 提供的缺省排放因子。IPCC 法的优点是详细、全面地考虑了几乎所有的温室气体排放源，并提供了具体的排放原理和计算方法；其缺点是仅适用于研究封闭的孤岛系统的碳足迹，是从生产角度计算研究区域内的直接碳足迹，无法从消费角度计算隐含碳排放。

碳足迹计算器是网络上很流行的碳足迹计算软件，通常用来计算个人和家庭每日消耗能源而产生的二氧化碳排放当量。通常利用简单的排放因子公式将电、油、气和煤等的消耗量转化为二氧化碳排放当量，或者根据运输工具的类型和运输距离来计算相应的二氧化碳排放当量。

碳足迹计算器多种多样，由于不同碳足迹计算器的复杂程度和包含的计算项目不同，因此结果往往差别很大甚至相互矛盾。虽然碳足迹计算器计算结果不是很精确，但由于其操作简单，易于理解，而且公众可以随时上网计算自己每天在生活中排放的二氧化碳量，帮助每个人有意识地检查自己日常生活中的习惯性行为，继而采取行动减少二氧化碳排放，因此碳足迹计算器对于提高公众碳足迹意识和采取低碳行为具有重要作用。

4）碳足迹的评估标准

碳足迹作为一个新概念，其评估方法和边界界定还比较模糊，迫切需要统一、规范化的标准来约束。目前针对产品碳足迹的规范和标准不断推出，主要包括欧盟的温室气体议定书、英国的 PAS 2050：2008、日本的 TSQ 0010 和国际标准化组织正在制定的 ISO 14067 等。

英国标准协会（BSI）的 PAS 2050：2008、国际标准化组织制定的《商品和服务在生命周期内的温室气体排放评价规范》由英国的碳基金（Carbon Trust）公司及环境、食品和农村事务部（Department for Environment，Food and Rural Affairs，DEFRA）共同发起，由英国标准协会制定，于 2008 年 10 月月底正式发布。PAS 2050 是产品和服务生命周期温室气体排放评估标准，是全球第一部产品碳足迹标准，为产品和服务碳足迹的评估和比较提供了一种可参考的标准化方法。PAS 的宗旨是帮助企业真正了解他们的产品对气候变化的影响，在产品设计、生产和供应等过程中寻找降低温室气体排放的机会，最终开发出碳足迹较小的新产品，能在应对气候变化方面发挥更大的作用。

温室气体议定书（the greenhouse gas protocol）（简称 GHG 议定书）由世界可持续发展商业协会（World Business Council for Sustainable Development，WBCSD）和世界资源研究院（World Resource Institute，WRI）于 1998 年共同发起，目的是想透过一个开放的、透明的多方利害相关者参与机制，为企业开发一套温室气体的国际性评估和报告标准。GHG 议定书于 2001 年 10 月发布第一版，经修正后于 2004 年发布第二版。此标准不仅提供了企业碳足迹评估和报告标准，而且提供了使用指南，协助企业进行温室气体管理。

标准仕样书 TSQ 0010 标准由日本经济产业省制定，于 2009 年 4 月正式发布，它参照了多个国家环境标准、国际标准。标准的适用对象为《京都议定书》规定的 6 种温室气体，适用范围包括产品的整个生产周期，此规范还规定了计算方式和标签标识方法等，是关于产品碳足迹评估和标识的一般性原则规范。目前，此规范尚未成为正式的日本国家标准。

ISO 14067 标准是国际标准化组织正在制定的产品碳足迹标准，目前已发布 2 期草案。此标准由两部分组成：第一部分为量化 / 计算（quantification），第二部分为沟通 / 标示（communication）。标示部分参考 ISO 14020 环境标示系列，温室气体盘查部分将参考 ISO 14064 温室气体系列，生命周期评估部分将参考 ISO 14040 生命周期评价系列。ISO 14067 标准颁布后，其他碳足迹相关标准将终止或根据此国际标准进行修正。

9.2.2 国内外产品碳足迹研究现状

1）国外研究现状

国际上 2007 年之前对产品碳足迹的研究还处于对碳足迹标准、规范的探讨阶段，随着 2008 年产品碳足迹标准的陆续推出，英国、德国、美国等开始在大型企业一系列产品中试行 PAS 2050 等标准的评估实践，如 Cadbury、Boots、Basf 等公司。随之相关研究开始出现，主要集中在几大类：一类是介绍和分析 PAS 2050、TSQ 0010 等标准的区别、优缺点，以及在碳足迹评估中应注意的问题等（Antonio et al.，2012；Marc et al.，2013）。另一类是关于产品碳足迹应用案例的研究，如 Terrie 等（2010）对美国国家地理杂志基于生命周期的碳足迹进行了评估，研究显示每本杂志基于生命周期的碳足迹平均为 0.82kg 二氧化碳当量，并一步分析了碳足迹的构成；Anna 等（2011）比较了户外放牧奶牛的新西兰模式和主要室内养育奶牛的瑞典模式的牛奶碳足迹及影响因素，结果显示户外放牧的牛奶碳足迹较小些；Plassmann 等（2010）采用 PAS 2050 标准，通过在赞比亚和毛里求斯对糖生产过程中碳足迹的评估，对产品碳足迹评估中的一些可变因素进行了敏感性分析，并指出发展中国家数据的缺乏是最需关注的；Maria 等（2013）遵循生命周期，根据 ISO 标准（14040 和 14044）对巴西出口黄瓜的碳足迹进行评估，研究显示其碳足迹平均为 710kg 二氧化碳当量，并一步评估了其减排潜力，提出了改进措施；Adam 和 Katarzyna（2013）基于生命周期来分析肉类食品生产过程中碳足迹的大小，研究表明在各种农业系统中，猪肉的碳足迹在 2.06～3.97kg。此外，有不少学者在造纸、金枪鱼、农作物、能

源及产品生产供应链等领域开展了碳足迹研究及对减少碳足迹的方法进行了探讨（Jonathan et al.，2009；Balan et al.，2010；Sophie et al.，2011；Ngamtip et al.，2012；Gemechu et al.，2012；Felix et al.，2013；Harish et al.，2013）。

近年来为配合碳足迹评估的实践，英国、日本、法国等迅速开发碳标签和减碳标签体系，并开始在部分产品中推广，为消费者提供碳信息，并为企业减少碳排放设定明确的量化参数。而相关的研究，如食品、日用品等产品碳标签对消费者偏好和潜在碳排放减少的影响等文章也开始出现（Paul et al.，2011；Koistinen et al.，2013）。

2）国内研究现状

国内碳足迹的实践起步较晚，从 2009 年开始国内一些知名企业与国外一些标准机构合作，开始产品碳足迹的实践。2010 年 8 月英国碳信托有限公司和金光集团 APP（中国）合作，是中国首家遵循 PAS 2050 标准进行产品碳足迹测算的企业，自此一些高 CO_2 排放行业如化工、造纸、纺织等也开始参与。同时可以看到，国内企业在碳足迹测算认证上仍处于探究阶段，参与产品认证的企业还很少，获取测算数据有难度。

相关研究从 2010 年开始较集中出现，目前一方面集中于对产品碳足迹标准和规范的介绍，对国内外碳足迹研究现状的综述，以及以碳足迹作为未来世界节能减排对策的发展趋势等（王微等，2010；裘晓东，2011；夏明和郭燕，2012；沈宁舟和宋英华，2012；杨洋和唐良富，2013；李昊旻等，2013）；另一方面有学者针对秸秆家具、纺织服装、造纸、能源等少数产品开展了碳足迹评估的设计、评价步骤和计算方法等的介绍（张莉和陈云，2011；陈健，2011；韩晨晨等，2011；刘玮和申黎明，2012；屠莉华和刘雁，2012；张欢和张辉，2012；黄少良等，2012；卢俊宇等，2013），但均没有做定量分析和比较研究。此外在产品实证评估和地区碳足迹评估方面，学者田彬彬等（2012）以 PVC 产品为例，采用基于生命周期的 B2B（business-to-business）模式对碳足迹进行了评价，为企业及相关机构开展碳足迹评价提供了借鉴资料。但该研究大都采用次级水平数据，其精确性受到一定的影响，并且没有对产品的减排潜力作出进一步的分析。学者张玥等（2013）以钢铁产品为例，基于碳平衡原理对钢铁生产过程的碳足迹进行评价，并构建了生产过程碳足迹模型，计算分析了南京钢铁联合有限公司（以下简称南钢）2005 ～ 2011 年石化燃料、熔剂、动力介质及（副）产品的统计数据，最后对比了南钢近几年生产过程碳足迹的变化形势，对钢铁企业的发展具有指导意义。但该研究的部分数据更适用于西方发达国家，国内技术水平和设备还未能达到其水平，所以可能存在误差。学者赵先贵等（2013）利用 1999 ～ 2009 年北京市石化能源消费、生物质能利用和特殊工业生产及各类植被面积数据，通过构建数量模型，分析碳足迹、植被固碳量等指标的动态变化，结果反映出北京市在碳循环方面的生态环境压力有持续增大的趋势，但对减少碳足迹和提高碳承载力未提出有效的措施。

近年来国内学者对国外碳标签体系的发展开始关注，主要介绍碳标签体系的发展、作用及其对我国企业、消费者、政府部门的一些启示，特别关注碳标签对国际贸易影响的分析等，但大都局限在介绍和探讨（高峰，2012；梁龙，2012；刘玫和陈亮，2010；徐清军，2011；吕煜昕和武戈，2013；李长河和吴力波，2014；张永坚等，2014），很少见相关深入的研究。

9.2.3 综合评述

综合国内外的研究，首先从产品碳足迹的研究内容上看，国际上已从前期关注碳足迹标准和规范的可行性讨论和碳足迹推广应用，逐渐转移到推行碳标签制度及减排分析等较深的层次上；而国内尚处于起步阶段，研究热点大多集中在碳足迹标准的演进和碳足迹综述的一般性研究上，实证分析鲜有深入的研究，急需对碳足迹标准实施的适用性及其应用案例进行分析。

其次从研究视角来看，国内外产品碳足迹评估大都局限在单纯碳排放研究上，对像竹材产品之类本身包含碳储存的产品开展碳足迹实证研究的鲜见报道，对碳储存产品的碳排放程度无从掌握。同时从减排潜力上看，国外研究已开始涉及直接减排的设计和措施，而国内研究还没有实质的开展，国内外迄今尚未有结合直接减排和间接减排的相关深入研究。

最后从研究方法上看，对林产品中碳储存的计测分析，目前国内外主要还是基于一些宏观的统计数据进行国家和全球层面的估算，结果存在较大的差异性，缺乏基于实证的如跟踪生产工艺流程进行的碳转移率和碳储量精确计测，这对利用产品碳储量抵消部分温室气体排放量的碳足迹实证评估十分重要。

因此针对上述已有研究的不足，在借鉴国内外已有研究的基础上，选择五大类主要的竹材产品为对象，突破国内现有的研究方法和思路，以微观层面为重点，以产业链为主线，一方面评估竹材产品生产的二氧化碳排放当量，另一方面计测基于竹材产品生产流程的碳转移率及碳储量；并综合直接减排和间接减排的措施分析减排潜力和影响因素。本研究的开展将有助于增加我国产品碳足迹评估的特色研究案例，为我国低碳产品认证、碳标签的推广提供科学的依据。

10　竹材产品碳足迹评估内容和方法

10.1　竹材产品二氧化碳排放计测内容及方法

10.1.1　评估标准及碳足迹评估范围界定

本研究的碳足迹评估标准采用英国标准协会（BSI）PAS 2050：2008 规范，以产品生命周期（LCA）为基础，参考企业-企业（business-to-business，B2B）原则，全面评估包括原材料运输（假定竹材人工砍伐）、产品生产到包装入库等生产过程的碳足迹大小。

10.1.2　评估产品的选择

目前竹材的加工技术主要有集成技术、重组技术和展开技术，其中展开技术是浙江大庄实业集团有限公司的专利技术。本研究选择了涵盖 3 种技术的 9 种产品进行碳足迹评估：带青竹展开地板、去青竹展开砧板（两种规格）、竹重组地板（户外和室内）、竹刨切片、竹拉丝产品（竹窗帘、竹凉席、竹地毯）。

10.1.3　功能单位的确定

在选择产品后，最重要的事情是确定功能单位。功能单位可以被认为是某一特定产品的一个有意义的数量，同时要考虑碳足迹计测的方便、最终用户实际消费的方式、企业的目的等。

本研究在原材料运输、生产过程、产品入库环节计测碳足迹大小时，以单位质量为功能单位计算 CO_2 排放当量，最后结合产品规格（长、宽、高等），转换成每立方米竹材产品产生的 CO_2 排放当量。

10.1.4 绘制过程图与确定估算系统边界

绘制过程图的目的是尽可能地将竹材产品评估过程中所涉及的原料、活动和过程全部列出，过程图在整个碳足迹计算过程中作为一种宝贵的工具，提供了走访的起点，并提供了指导收集数据和计算碳足迹的图示参考，包括原材料运输、产品生产、成品入库整个过程。

在绘制过程图的基础上，确定系统评估边界。碳足迹评估边界的界定随研究对象和研究视角不同存在很大差异，对计算结果起着决定性作用，是计算碳足迹的前提和关键。在确定系统边界时应遵循将评估范围内所有的实质性排放包含在内的总体原则，而对于边界内非实质性排放源（不足碳足迹总量的 1%）、输入过程的人力和动物提供的运输不予考虑。确定系统边界的同时，应在估值和预测确定各个排放源的实质性后，对所有实质性的排放源根据其排放量的大小确定一个优先次序，对那些排放量大的源要重点关注。

10.1.5 碳排放数据的收集

收集评估边界内碳排放的数据，包括初级（次级）活动水平数据、排放因子数据和全球增温潜势（GWP）。活动水平数据是指产品在生命周期中所有的量化数据（包括物质的输入、输出，能量使用，交通等方面）。排放因子数据是指单位活动水平排放的温室气体数量。利用排放因子数据，可以将活动水平数据转化为温室气体排放量。例如，电力的排放因子可表示为 CO_{2eq} /（kW · h），燃油的排放因子可表示为 CO_{2eq} /L 燃料。全球增温潜势是将单位质量某种温室气体（GHG）在给定时间段内辐射强度的影响与等量二氧化碳辐射强度的影响相关联的系数，如 CH_4（甲烷）的 GWP 值是 25。

本研究将全程跟踪收集所有物质或活动的数量和强度数据，其中生产工艺中的量化数据可通过每道工序机器的功率和运行时间，以及每组多个样本多组重复来计测。上游原竹假定自然生长，只计算运输数据；投入品如胶、油漆、包装纸等使用的数量和运输等计算碳足迹。排放因子数据（EFDB）和全球增温潜势数据来源于联合国政府间气候变化专业委员会（IPCC，2006）提供的各产品排放因子数据、100 年全球增温潜势数据，英国标准协会（BSI）的 PAS 2050：2008，中国国家发展和改革委员会应对气候变化司提供的各地区的电、柴油等排放因子，以及经同行评审的出版物的相关数据（如国家政府、联合国正式出版物）。

10.1.6 二氧化碳排放的计算

竹材产品总二氧化碳排放当量，为各排放源的初级活动水平数据（或次级活动水平数据）与其排放因子乘积之和换算成温室气体（GHG）排放量后，再乘上全球增温潜势，其中二氧化碳的 GWP 为 1。计算公式为如下。

排放源 1：$AD_1 \times EF_1 \times GWP_1 = C_1$

排放源 2：$AD_2 \times EF_2 \times GWP_2 = C_2$

排放源 i：$AD_i \times EF_i \times GWP_i = C_i$

……

式中，AD_i 为每个功能单位的活动水平数据；EF_i 为排放因子，每个功能单位的 GHG 排放量；C_i 为第 i 个排放源的 CO_2 排放当量（eq）。

$$B = \sum_{i=1}^{n} C_i \quad (10.1)$$

B 为各竹材产品 BTB 的所有二氧化碳排放当量；i 为各排放源；C_i 为每个排放源单位质量二氧化碳排放当量。

10.2 竹材产品碳储量计测内容及方法

对于本身包含碳储存的产品，在计算碳足迹时，必须收集碳转移率、碳储量方面的数据。

这部分数据将来源于本书第一部分对竹材产品碳储量的计测。选择 200 株左右 6 ～15cm 胸径分布的竹材，分别测量其胸径、长度，并按照不同产品要求截取不同长度规格的竹段，记录不同胸径竹材截取的段数并测量各段竹壁厚度。按照各竹材产品不同壁厚、长度等规格，全程跟踪、计测各生产工艺流程中每道工艺前后竹材质量比（相同含水率，没有竹材损耗的忽略），通过竹材质量的变化反映出各工艺流程的碳转移率。每组多个样本多组重复，将每道工艺的碳转移率相乘求出综合碳转移率，并参考原竹的含碳率、含水率数据（周国模，2006），计算不同胸径原竹伐后生产转移并最终储存在竹材产品中的碳储量；同时计测各生产工艺中添加的胶黏剂、油漆等附加物在单位质量竹材产品中所占比例（占比小于 1% 的忽略）；最后计算单位质量及每立方米竹材产品中的碳储量。

10.3 竹材产品碳足迹评估及不确定性检查

10.3.1 碳足迹评估

根据 PAS 2050 规范，当产品包含生物碳并保留一年以上时，碳储存的影响将以加权平均的形式、以负的二氧化碳当量值纳入产品生命周期内 GHG 排放评价，竹材产品符合这类特征，其中竹材产品转移储存的碳储量、使用寿命构成了碳储存影响的关键部分。

竹材产品的碳足迹为，单位质量所有排放源的活动水平数据与其排放因子、全球增温潜势乘积之和，再扣除单位质量竹材产品碳储量乘上加权系数（以竹材产品理论寿命计），因此各竹材产品碳足迹评估的计算公式为

$$C=\sum_{i=1}^{n}C_i-\frac{M\times 0.76\times T_0}{100} \tag{10.2}$$

式中，C 为产品碳足迹；i 为各排放源；C_i 为每个排放源单位质量二氧化碳排放当量；M 为竹材产品单位质量碳储存量；T_0 为某个产品形成后，其全部碳储存效益存在的年数；$(0.76\times T_0)/100$ 为碳储存的加权系数（此加权系数适用于其全部碳储存效益存续 2～25 年，此后没有碳储存效益）。

10.3.2 不确定性检查

竹材产品碳足迹评估是一项过程复杂、数据庞大的工作，其数据采集及计算过程具有较多的不确定性，通常不确定性来自供应链中某些数据的缺失和数据质量存在问题，如不是特定的数据、数据来源不可靠等。进行竹材产品碳足迹评价的不确定性分析可使产品间比较结果及决策具有更高的可信度，判定数据收集的重点和非重点是否准确，以及可以更好地认识碳足迹模型。通过不断优化产品碳足迹计算模型来细化计算过程；同时合理选择数据种类，提高数据采集质量；并邀请竹材产品设计、生产专家对碳足迹进行评审和认证等，减少不确定性来源，使碳足迹计算中的不确定性最小化，提高碳足迹比较结果的可用度。如果通报结果，不确定性分析还可向内部和外部读者提供有关碳足迹的确凿性信息。

10.4 竹材产品碳足迹影响因素及减排潜力分析思路

根据最后的碳足迹，分析比较各竹材产品碳足迹中排放源的构成、大小，碳储存量，产品使用寿命，胶、油漆添加数量等因素对碳足迹的影响，进行影响因素分析。

直接减排：在以上基础上，按直接排放、能源间接排放、投入品隐性排放分层分解二氧化碳排放的构成、各排放源大小，并通过访谈产品设计、生产、管理人员，从技术和管理角度分析直接减排的优先次序和减排潜力。

间接减排：根据不同胸径、不同规格竹材与碳转移率的关系数据，从竹材培育、产品规格、生产工艺、使用寿命、废料循环利用等方面提出增加竹材产品碳储存的方法和建议，使竹子吸收的碳能更多地转移固定到竹材产品中去，提高竹材产品碳储量。

11 带青竹展开地板碳足迹评估

原竹无裂纹展开技术是竹材加工的一次技术革命，是以原竹经软化、无裂隙展平、定型、烘干后的展平单板为组元组合胶压而成，与传统的竹材加工方法相比，它消除了开片、粗刨、精刨等工序中废料的产生，能更大程度地提高竹材的利用率；同时竹展开产品减少了胶黏剂和油漆的使用，提高了产品的生态环保性。带青竹地板采用竹展开技术，经过二十多道工序加工而成。由于带青竹展开地板表面利用了整张竹展开板材，避免了产品使用时与胶黏剂的直接接触；同时带青竹地板最大限度地保留了竹子表面原有的纹路和色彩等生长足迹，非常迎合时下追求原生态的时尚。

带青竹展开地板在充分最大化提高竹林资源利用效率、缓解木材供应紧张、无醛环保等方面无疑具有非常显著的绿色属性。但它在生产过程中对环境的真实影响到底怎样？碳足迹的大小如何？又具有怎样的减排潜力？这都是急需研究的课题。本研究以带青竹展开地板为研究对象，采用英国标准协会（BSI）的 PAS 2050《产品碳足迹评估规范》，一方面计测带青竹展开地板从原材料到最终地板生产过程中各排放源的二氧化碳排放当量，另一方面基于生产工艺的角度计测碳转移量的大小，综合进行碳足迹评估。

本章以浙江大庄实业集团总部及福建顺昌大庄竹业有限公司生产的带青竹展开地板为例进行碳足迹评估。

11.1 功能单位确定

研究评估 $1m^3$ 带青竹展开地板产品的碳足迹。竹地板在最终销售时通常是以面积为单位计量的，生产厂家通常是以体积为单位的，从企业角度带青竹展开地板生产碳足迹评估确定 $1m^3$ 为计量功能单位。毛竹竹杆圆形中空及根部到顶部逐渐变细的特性，决定了其在运输及生产加工过程中以面积或体积计量碳排放将非常复杂。为了更加精确地计测生产中的碳排放和碳转移，在计量中间过程时将以质量为计量功能单位，将体积和质量进行对应的换算。调查中发现产品的规格对带青竹展开地板生产的碳排放和碳转移有较大的影响，本研究选择最常规的单片竹地板产品，规格为 1200mm×137mm×18mm。

11.2 过程图绘制

带青竹展开地板的生产过程是个复杂的过程，清晰地描绘出过程图可为下面的碳足迹计测打下基础。通过与浙江大庄实业集团有限公司专业技术人员的交流及进行实地调查，了解了产品的加工程序和材料单，确定了物质的输入、制造和运输等过程，绘制了带青竹展开地板碳足迹过程图（图 11.1）。

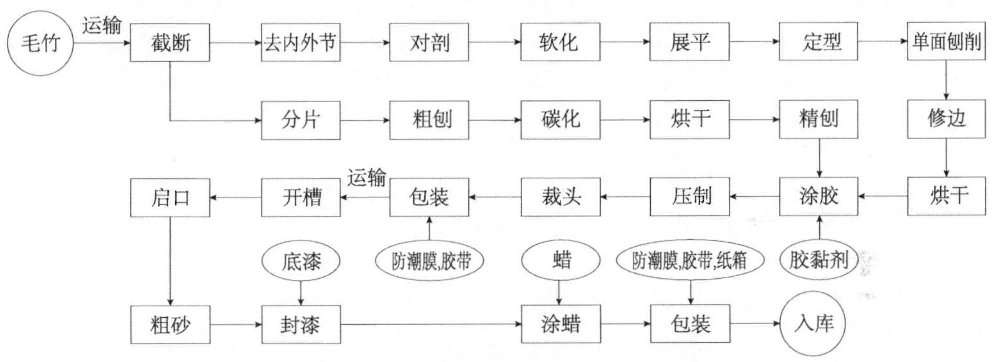

图11.1 带青竹展开地板碳足迹过程图

Fig.11.1 Production process of flattened bamboo floor with green bark

11.3 确定边界和优先事项

确定系统边界就是要确定带青竹展开地板碳足迹评价的范围，即哪些生命周期阶段应该包含在评价范围内，哪些输入和输出应该包含在评价范围内。在本研究中，带青竹展开地板碳足迹评估边界为原材料运输、产品生产、成品入库整个过程的碳排放。包括：①原材料及附加物，包括毛竹原竹，附加物胶黏剂和油漆等；②运输过程，包括原竹和竹板材的运输，附加物胶黏剂、油漆和包装纸箱等的运输；③竹地板制造，包括从原竹到竹展开板材，再到展开竹地板整个过程。

原材料及附加物：本研究假定毛竹自然生产，人工砍伐。附加物中胶黏剂和包装纸箱量较多，系统选取可靠的、具有代表性的胶黏剂和包装纸箱作为隐含的碳排放数据，而油漆和蜡的使用量占带青竹展开地板比例极少，因此对这些数据的收集应给予次要地位，而包装用到的防水膜和胶布用量则因为太少不予考虑（小于 1%）。

运输过程：系统优先考虑运输量大和运输距离较长的环节，特别关注原竹从砍伐地到大庄竹业有限公司和福建顺昌加工厂生产的竹板材到浙江萧山的大庄实业集团总部的运输过程。其次是附加物如胶黏剂、油漆和包装纸箱等的运输。虽然油漆、蜡和包装用的防水膜等的运输过程会对总体碳足迹有一定影响，但所占比值很小，故将这些材料的运输过程排除在系统外。

加工过程：通过对带青竹展开地板加工过程考察，进一步确定数据收集的优先秩序，尤以碳排放较大的生产工艺，如粗刨、展开、单面刨削等过程为优先事项考虑，从而在实质性调查过程中通过增加样本数据确保结果的可靠性。在初步评估后提出加工过程中三个步骤可能是非实质性的：分选、涂胶、入库。这些步骤是人为操作或产品放置无实质性温室气体排放，故这些过程排除在系统之外。

11.4 数据收集和调查方法

数据的收集是本研究的重点及难点，它是碳足迹清单分析的核心部分，在带青竹展开地板产品系统中，各种类型数据的可获得性存在差异，如在加工过程使用机器的功率等较容易获得，机器负载运转时间和空转时间可通过调查获得，并通过多样本数据重复抽样保障数据的可靠性，而附加物如油漆和胶黏剂等隐含碳排放因子数据的获得较为困难。

只有科学合理的调查方法才能确保获得的碳足迹评估数据的精确性。针对带青竹展开地板生产过程的所有排放源收集初级活动水平数据和生产过程的碳转移率数据，并把上述数据归为能源流、物质流和碳储存，包括运输过程中消耗的柴油和石油等化石能源（直接排放），加工过程中消耗的电力能源（间接排放），竹废料燃烧消耗的生物质能源（直接排放），附加物中胶黏剂和油漆、包装纸箱等物质流（隐性排放）（图 11.2，表 11.1），以及转移储存在带青竹展开地板的碳储量 5 个部分。在此基础上，开始相关数据的收集。

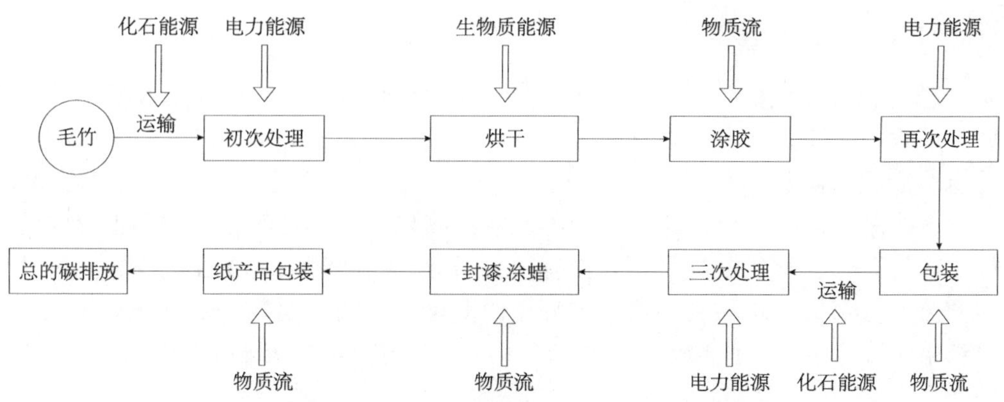

图11.2 带青竹展开地板生产过程碳排放源

Fig.11.2 The carbon emission sources of flattened bamboo floor with green bark during manufacturing process

表11.1 带青竹展开地板碳足迹核算数据来源

Tab.11.1 Data sources of assessing carbon footprint for flattened bamboo floor with green bark

序号	数据类型	对象	基础数据	数据来源
1	石化能源	运输过程中使用的汽油、柴油	单位重量百公里油耗，运输量，运输距离，汽油和柴油碳排放因子	大庄公司提供运输量、单位重量百公里数油耗，汽油和柴油碳排放因子（引用 IPCC 报告）
2	电能能源	加工过程中机器消耗的电能	机器额定功率，机器加工运行和空转时间，电力排放系数	实测每步单位质量机器运行时间和空转时间及功率，电力碳排放因子（国家发改委华东电网）用 2011 年中国区域电网基准线排放因子（国家发改委应对气候变化司，2011）
3	附加物隐含碳	加工过程添加的胶黏剂、油漆，包装使用的纸箱等	附加物的量和碳排放因子	通过实际调查获得 $1m^3$ 竹地板附加物胶黏剂、油漆、包装箱的使用量，附加物的碳排放因子（引用 IPCC 报告）
4	生物质能源	竹材加工过程中产生的竹废料燃料	碳转移率，含碳率，竹废料燃烧比例，锅炉的燃烧效率，用于竹地板生产的比例	通过竹地板加工过程利用率计算竹废料量，竹废料燃烧比例通过调查获得，锅炉的燃烧效率根据经验值获得，竹材含碳率（周国模，2006）
5	生物碳储量	竹展开地板转移储存的碳储量	生产过程碳转移率，竹板材干重，含碳率	实测 $1m^3$ 竹地板的碳储量，竹材含碳率（周国模，2006）

11.4.1 加工过程数据收集

带青竹展开地板从毛竹原竹到成品加工工艺复杂，涉及碳排放的就有二十多个工序，每道工序用不同的机器进行加工。碳排放耗能利用机器功率乘以每工序加工过程的完成时间及机器空转时间进行计算。数据通过在浙江大庄实业集团有限公司进行实测获得，每次 10 个样本，3 次重复。

11.4.2 运输数据收集

带青竹展开地板生产中涉及的运输有：毛竹原材料、竹板材及胶黏剂等主要附加物的运输，其中主要是毛竹原竹和竹板材这两部分的运输。原竹从砍伐地运输到福建顺昌大庄竹业有限公司进行前期加工，原竹主要来自福建顺昌、泰宁、建瓯、建阳等地，这个过程中运输距离差别大，导致碳排放的不确定性较大。竹展开板材从顺昌大庄竹业有限公司运往浙江萧山的浙江大庄实业集团有限公司总部进一步加工，这个过程中距离是确定的，因此这部分运输排放计算结果比较可靠。所有的运输数据来源于大庄公司一年的运输报表数据。

11.4.3 附加物数据收集

胶黏剂、油漆和包装纸箱等在带青竹展开地板生产中使用量较少，属于附加物，其使用量可通过实际抽样调查加工或包装前后的重量进行计算。它们的二氧化碳排放当量可通过选择 IPCC 碳排放因子数据库、权威杂志、同行公开发表的文献中相同或相近的碳排放因子进行计算。

11.5 带青竹展开地板的碳足迹评估

带青竹展开地板碳足迹评估是计测从伐后原竹运输、竹地板生产到产品入库过程中所有排放源的二氧化碳排放当量减去竹地板中转移的碳储量。其中二氧化碳排放当量是生产过程中所有材料、能源耗量的初级活动水平数据乘以排放因子之和。

11.5.1 运输过程化石能源碳排放计测

运输过程中化石能源产生直接碳排放，包括伐后毛竹、竹板材及胶黏剂等的运输，主要是柴油、汽油能源燃烧的直接排放。

运输过程化石能源碳排放的计算公式可表示为

$$C_1 = \sum_{i}^{n} P_i \times M_i \times D_i \times \mathrm{EF}_i \tag{11.1}$$

式中，C_1 为运输过程化石能源碳排放；i 为各排放源；n 为项数；P_i 为单位质量能源百公里能耗量；M_i 为运输的产品重量；D_i 为运输距离；EF_i 为能源碳排放因子。$1\mathrm{m}^3$ 带青竹展开地板运输过程碳排放计算结果见表 11.2。

表11.2　带青竹展开地板运输过程碳排放（C_1）

Tab.11.2　The carbon emission of flattened bamboo floor with green bark in transport（C_1）

序号	运输材料	能源类型	能耗 /[L/（T·100 km）]	运输距离 / km	运输重量 /（kg/m^3 成品）	碳排放因子 /（kg/L）	CO_2 排放当量 /kg	所占比例 /%
1	毛竹原竹	柴油	1.5	40	4766.57	2.63	7.5216	24.09
2	竹展开板材	柴油	1.5	650	913.82	2.63	23.4326	75.06
3	胶黏剂	汽油	2.0	200	27.44	2.30	0.2524	0.81
4	包装材料	汽油	2.0	15	16.69	2.30	0.0115	0.04
合计							31.2182	100.00

注：碳排放因子来源于 IPCC 数据库

Note：carbon emission factors are derived from IPCC database

从表 11.2 可知，生产 1m^3 带青竹展开地板产生的运输碳排放为 31.2182kg CO_2 当量，其中伐后毛竹原竹运输碳排放为 7.5216kg CO_2 当量，占 24.09%；竹展开板材运输碳排放为 23.4326kg CO_2 当量，占 75.06%。

在运输过程中碳排放的主要影响因素是运输量和运输距离。毛竹原竹从产地福建顺昌及周边县市运输到福建顺昌大庄竹业有限公司，按照公司统计数据计算平均距离为 40km，生产 1m^3 竹地板需毛竹原竹鲜重 4766.57kg，运输毛竹原竹的 CO_2 排放当量为 7.5216kg。竹展开板材从福建顺昌运往浙江萧山的浙江大庄实业集团有限公司总部进一步加工成竹展开地板，运输距离较大为 650km，1m^3 带青竹展开地板需竹展开板材鲜重 913.82kg，这部分运输碳排放最大，占 75.06%。胶黏剂和包装材料因为用量少所占碳排放比例很小。

11.5.2　加工过程电力能源碳排放计测

带青竹展开地板加工过程电力能源碳排放是以各工序机器功率乘以各工序的完成时间及机器空转时间进行计算的，公式如下：

$$C_2 = \sum_{i}^{n} P_i (0.75T_{1i} + 0.2T_{2i})\ \mathrm{EF}_i \tag{11.2}$$

式中，C_2 为带青竹展开地板加工过程电力能源碳排放；P_i 为每个工序机器的额定功率；T_{1i} 为第 i 工序机器运行时间；T_{2i} 为第 i 工序机器空转时间；0.75 和 0.2 分别为机器加工运行时的能耗系数和机器空转时的能耗系数（依据经验值）；EF_i 为电力的碳排放因子。1m^3 带青竹展开地板加工过程碳排放计算结果见表 11.3。

表11.3 带青竹展开地板加工过程碳排放（C_2）

Tab.11.3 The carbon emission of flattened bamboo floor with green bark in process（C_2）

序号	工序		机器功率 /（kW · h）	机器加工运行时间 /s	机器空转时间 /s	碳转移率 /%	生产每块竹地板电力能耗 /（kW · h）	生产 1 块地板 CO_2 排放当量 /kg	生产 $1m^3$ 地板 CO_2 排放当量 /kg	所占比例 /%
1	展开工序	展开材截断	4.50	4.00	10	100.00	0.003 1	0.002 6	0.883 9	1.01
2		去内节	7.75	34.00	42	97.92	0.003 6	0.003 1	1.031 9	1.18
3		去外节	1.50	70.00	45	97.75	0.001 3	0.001 1	0.362 3	0.41
4		对剖	3.00	16.00	100	100.00	0.001 3	0.001 1	0.377 1	0.43
5		软化	1.50	60.00	120	100.00	0.001 0	0.000 9	0.290 6	0.33
6		展开	14.00	47.00	20	100.00	0.015 3	0.012 8	4.316 9	4.92
7		定型	4.33	60.00	60	100.00	0.002 5	0.002 1	0.692 9	0.79
8		去黄	35.10	48.00	12	81.54	0.037 4	0.031 3	10.588 3	12.06
9		修边	6.95	35.00	10	70.38	0.005 5	0.004 6	1.542 5	1.76
10		烘干	1.50	43 2000.00	0	100.00	0.001 5	0.001 3	0.424 3	0.48
11	集成工序	集成材截断	4.50	4.00	10	100.00	0.004 4	0.003 7	1.237 3	1.41
12		分片	5.00	2.00	2	98.51	0.004 1	0.003 4	1.161 5	1.32
13		粗刨	19.50	20.00	3	54.02	0.118 3	0.099 0	33.455 8	38.10
14		碳化	1.50	60.00	60	100.00	0.000 3	0.000 2	0.079 9	0.09
15		烘干	1.50	43 2000.00		100.00	0.000 5	0.000 4	0.141 3	0.16
16		精刨	15.00	17.00	3	67.10	0.077 9	0.065 2	22.023 2	25.08
17	合成工序	压制	20.00	60.00	60	100.00	0.006 1	0.005 1	1.722 3	1.96
18		裁头	6.00	8.00	23	94.86	0.003 5	0.003 0	0.999 1	1.14
19		开槽、启口	10.00	5.58	3	78.61	0.013 3	0.011 1	3.758 9	4.28
20		粗砂	7.60	5.00	3	95.07	0.009 2	0.007 7	2.597 2	2.96
21		封漆	1.50	0.50	3	100.00	0.000 4	0.000 3	0.115 1	0.13
合计							0.310 5	0.259 8	87.802 1	100.00

注：碳排放因子为 0.8367kg/(kW · h)

Note：the carbon emission factor is 0.8367kg/(kW · h)

从表 11.3 可见，带青竹展开地板加工工艺流程中涉及使用电力能源的有 21 步。每块带青竹展开地板由带青竹展开板材片和竹集成材精刨条胶黏而成，在计算加工过程碳排放时，结合一次测试样本片数和每块竹地板所需片数，计算一片带青竹展开板材片和两层 14 片竹集成材精刨条加工时间，层层递推，计算出一块带青竹展开地板的能耗和碳排放；然后根据规格和重量，计算单位质量能耗及碳排放、生产 $1m^3$ 竹板材所需竹材干重和电力能耗及碳排放。本研究选择的带青竹展开地板是规格 1，200mm×137mm×18mm，重量为 2.019kg，含水率为 12%，干重为 1.7767kg，$1m^3$ 的带青竹展开地板有 338 片，干重 600.52kg，所消耗的电能能耗为 103.24kW · h。

生产 1m³ 带青竹展开地板加工过程电力能源碳排放为 87.8021kg，其中去黄（单面刨削）为 10.5883kg，占 12.06%；粗刨为 33.4558kg，占 38.10%；精刨为 22.0232kg，占 25.08%。

11.5.3　附加物隐含碳排放计测

带青竹展开地板加工过程中需添加胶黏剂、油漆，包装时需用纸箱等。附加物的隐含碳排放计算公式如下：

$$C_3 = \sum_{i}^{n} P_i \times \mathrm{EF}_i \tag{11.3}$$

式中，C_3 为带青竹展开地板附加物隐含碳排放；P_i 为带青竹展开地板附加物消耗量；EF_i 为附加物的碳排放因子；i 为各排放源。1m³ 带青竹展开地板附加物隐含碳排放计算结果见表 11.4。

表11.4　带青竹展开地板附加物碳排放（C_3）

Tab.11.4　The carbon emission of flattened bamboo floor with green bark in addendum（C_3）

序号	工序	附加物	碳排放因子/（kg/kg）	生产 1kg 地板附加物使用量 /kg	生产 1m³ 地板附加物使用量 /kg	生产 1kg 地板 CO_2 排放当量 / kg	生产 1m³ 地板 CO_2 排放当量 / kg	所占比例 /%
1	涂胶	胶黏剂	0.6	0.045 7	27.443 8	0.027 4	16.466 3	51.75
2	封漆	油漆	0.6	0.000 69	0.414 4	0.000 4	0.248 6	0.78
3	涂蜡	石蜡	0.2	0.000 68	0.408 4	0.000 1	0.081 7	0.25
4	包装	纸箱	0.9	0.027 8	16.694 5	0.025 0	15.025 0	47.22
合计							31.821 6	100.00

研究表明：生产 1m³ 带青竹展开地板附加物碳排放为 31.8216kg，其中胶黏剂为 16.4663kg，占 51.75%；包装纸箱为 15.0250kg，占 47.22%。附加物隐含碳排放的主要影响因素是附加物的使用量和碳排放因子。其中胶黏剂和包装纸箱使用量是每千克干重竹地板为 0.0457kg 和 0.0278kg。油漆和石蜡使用量较少，碳排放所占比例很小。

11.5.4　竹废料燃烧的生物质能源碳排放计测

在带青竹展开地板碳足迹调查过程中发现，企业利用竹地板生产中的一些竹废料如竹废条、竹废料等作为锅炉、蒸汽等的能源使用，竹废料燃烧产生了部分 CO_2 的排放。但根据 PAS 2050《产品碳足迹评估规范》，由于竹子在生长过程吸收了 CO_2，此类燃烧排放只是把生长中所吸收的 CO_2 返回，在评估中需测算竹废料燃烧的碳排放量，但并不计入竹地板碳足迹评估范围。

竹废料燃烧的碳排放公式为

$$C_4=P_i\times 0.2\times 0.6\times 0.7\times K\times 44/12 \quad (11.4)$$

式中，C_4 为竹地板生产过程中废料用于锅炉燃烧产生的 CO_2 排放当量；P_i 为竹废料干重；K 为含碳率；0.2 为竹废料用于燃烧的比例；0.6 为竹废料锅炉燃烧效率；0.7 为用于竹地板加工的热能系数；44/12 为 CO_2 和 C 比。因此，生产 $1m^3$ 带青竹展开地板的竹废料燃烧产生的 CO_2 排放当量为

C_4=1495.14×0.2×0.6×0.7×0.5042×44/12=232.1857kg

此数据仅为了解用，不计入碳足迹评估范围。

11.5.5 带青竹展开地板中储存的碳储量计测

毛竹加工生产成竹地板过程中将竹林碳汇转移到竹地板碳库中。根据 PAS 2050 规范，当产品包含生物碳并保留一年以上时，碳储存的影响将以加权平均的形式、以负的二氧化碳当量值纳入产品生命周期内 GHG 排放评价，竹地板符合这类特征。其中竹地板储存的碳储量、使用寿命构成了碳储存影响的关键部分。带青竹展开地板的碳储存根据竹地板中转移固定的碳储量乘上加权系数（以竹材产品理论寿命计）进行计算，具体计算公式如下：

$$C_5=\frac{M\times 0.76\times T_0}{100} \quad (11.5)$$

式中，C_5 为带青竹展开地板理论寿命内储存的碳储量效益；M 为 $1m^3$ 带青竹展开地板储存的 CO_2 当量；T_0 为某个产品形成后，其全部碳储存效益存在的年数；$(0.76\times T_0)$ /100 为碳储存的加权系数（此加权系数适用于其全部碳储存效益存续 2～25 年，此后没有碳储存效益）。

根据第一部分“竹材产品碳储量研究”中的数据计算可得 $1m^3$ 带青竹展开地板干重为 600.52kg，再乘以竹材含碳率 0.5042，得到 $1m^3$ 竹展开地板的碳储量，再转化为二氧化碳当量。$1m^3$ 带青竹展开地板储存的 CO_2 当量为

M=600.52×0.5042×44/12=1110.2013kg

以带青竹展开地板理论寿命 20 年计，碳储存效益为

$$C_5=\frac{1110.2013\times 0.76\times 20}{100}=168.7506\text{kg}$$

11.5.6 带青竹展开地板碳足迹评估

$$C=\sum_i^n C_i-C_5 \quad (11.6)$$

式中，C 为带青竹展开地板碳足迹；i 为各排放源；C_i 为每个排放源单位质量或体积二氧化碳排放当量；C_5 为带青竹展开地板的碳储存效益。1m^3 带青竹展开地板的碳足迹为

$$C=C_1+C_2+C_3-C_5=31.2182+87.8021+31.8216-168.7506=-17.9087\text{kg}$$

11.5.7　带青竹展开地板碳足迹的构成分析

带青竹展开地板碳排放分为三类：运输过程化石能源排放，加工过程电力能源排放，附加物隐含碳排放。其中加工过程电力能源碳排放最大，生产 1m^3 带青竹地板加工过程电能碳排放为 87.8021kg，占 58.21%；运输过程化石能源碳排放为 31.2182kg，占 20.69%；附加物隐含碳排放为 31.8216kg，占 21.10%（图 11.3）。

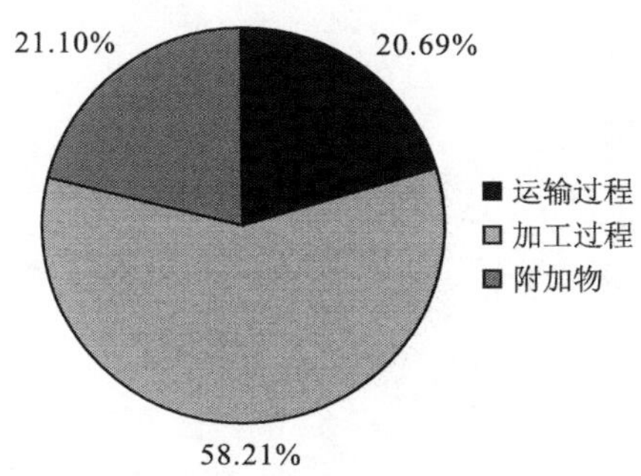

图11.3　带青竹展开地板碳排放构成

Fig.11.3　Form of carbon emission for the flattened bamboo floor with green bark

考虑到竹展开地板自身生物碳储存效益起到了延缓碳排放作用，因此最终的碳足迹就由上述 4 部分组成，最大的是自身碳储存效益，为 168.7506kg，其次是加工过程电力能源碳排放、运输过程化石能源碳排放和附加物隐含碳排放（图 11.4）。

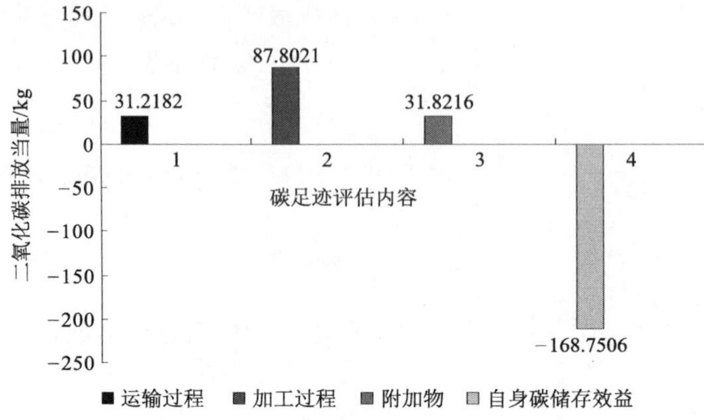

图11.4 带青竹展开地板碳足迹构成

Fig.11.4 Form of carbon footprint for the flattened bamboo floor with green bark

12 竹展开砧板碳足迹评估

竹展开砧板是利用竹展开技术，通过软化将原竹筒无裂隙展开。竹整张是将原竹无裂纹展开，是一整片竹板材（图 12.1），非胶合而成，由于竹整张材料在加工过程中不再使用胶水将竹条拼宽，使用这种技术制作的砧板避免了化学药剂（胶黏剂）与食物的直接接触，提高了食品安全系数，可取代传统的竹条拼接砧板。整竹无隙展开后，自然完整，不拼凑，保留完整竹节。经特殊工艺精制后，保留了竹材固有的密度高、韧性好、强度大的优异特性，具有结实耐用、不易变形、质地光洁、色泽柔和、典雅大方的特点。本研究选择规格为 360mm×240mm×17mm 和 380mm×280mm×18mm 的竹展开砧板进行碳足迹计测。竹展开砧板总共分为三层，上下两层为竹展开材，中间层为竹集成材。

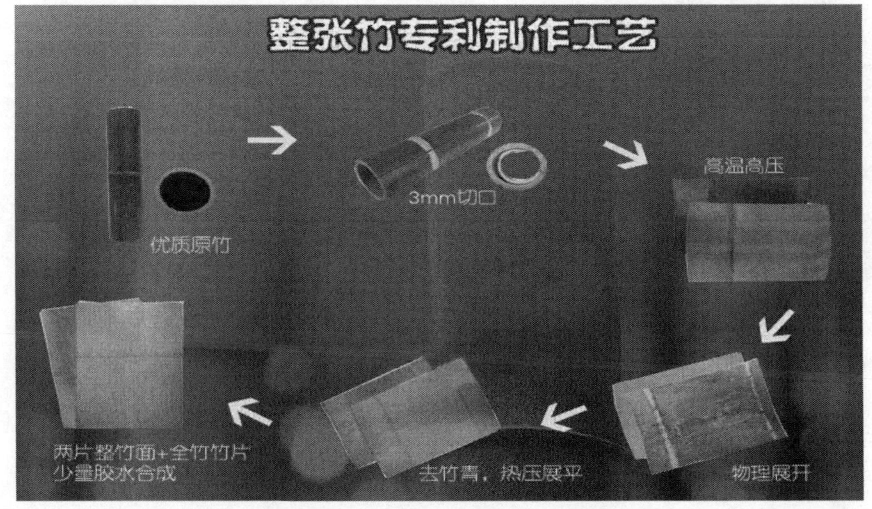

图12.1 竹展开砧板加工示意图

Fig.12.1 Schematic diagram of flattened bamboo chopping board in process

本章以浙江大庄实业集团总部及福建顺昌大庄竹业有限公司生产的竹展开砧板为例进行碳足迹评估。

12.1 功能单位确定

竹展开砧板在最终销售时通常是以一定尺寸的规格作为计量单位的，生产厂家通常是以面积或体积为单位的。原竹在运输和加工过程中因为其本身的特性采用干重计量比较准确。为了更加精确地计测生产中的碳排放和碳转移，本研究调查中将以质量为计量功能单位，最后选择产品常用规格1（360mm×240mm×17mm）和规格2（380mm×280mm×18mm）两种类型，评估 $1m^3$ 竹展开砧板产品的碳足迹。

规格1和规格2竹砧板上下两层都为竹展开材，中间层主要为竹集成材。其中规格1由1300mm长的竹段展开加工而成，一段1300mm竹段加工成3片360mm长的竹展开板和60mm宽的竹展开条，一块竹砧板所需的2片竹展开板每片厚度为6mm。中间层的一部分为竹展开条，分配到一块竹砧板的宽度为40mm，另外部分由宽和厚为20mm×5mm的集成材10片拼接而成，一般由3.5片长1250mm的竹条加工而成（图12.2a）。

规格2由840mm长的竹段展开加工而成，一段840mm竹段加工成两片380mm长的竹展开板，即为一块竹砧板所需的2片竹展开板，厚度为6.5mm。中间层集成材宽和厚为20mm×5mm，由14片拼接而成，一般由5片长1250mm的竹条加工而成（图12.2b）。

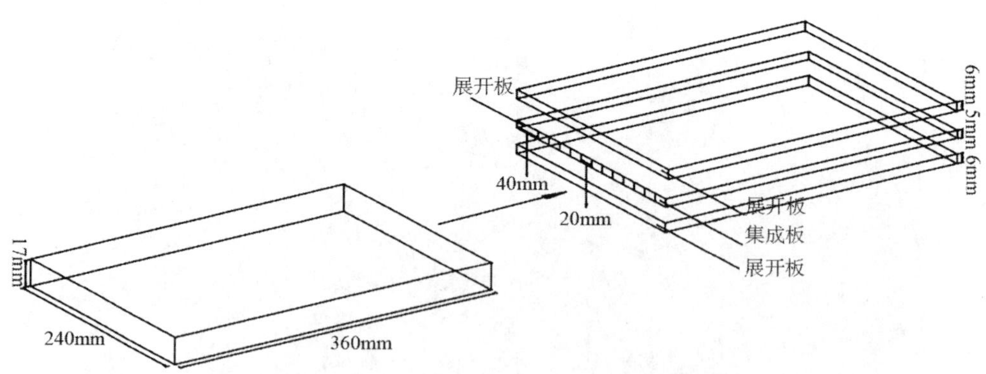

图12.2a 竹展开砧板（规格1）尺寸示意

Fig.12.2a Dimensional sketch of flattened bamboo chopping board (specification 1)

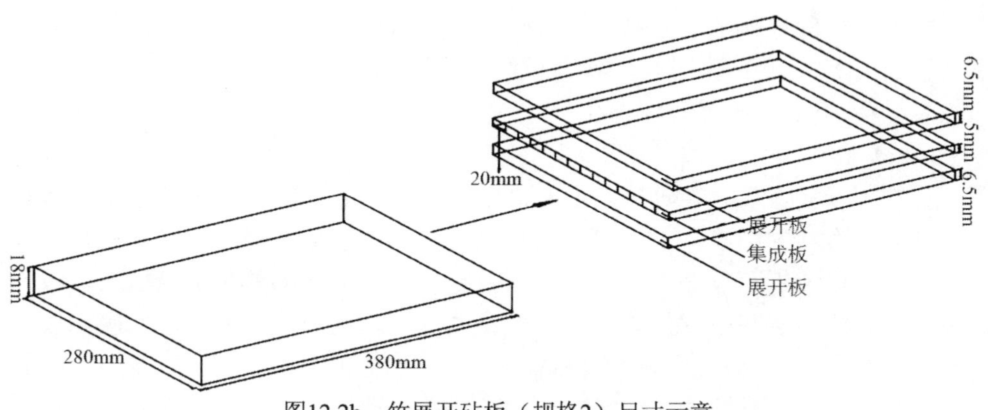

图12.2b　竹展开砧板（规格2）尺寸示意

Fig.12.2b　Dimensional sketch of flattened bamboo chopping board (specification 2)

12.2　过程图绘制

通过与浙江大庄实业集团有限公司专业技术人员的交流及进行实地调查，了解了产品的加工程序和材料单，确定了物质的输入、制造和运输等过程，绘制了竹展开砧板碳足迹过程图（图 12.3）。

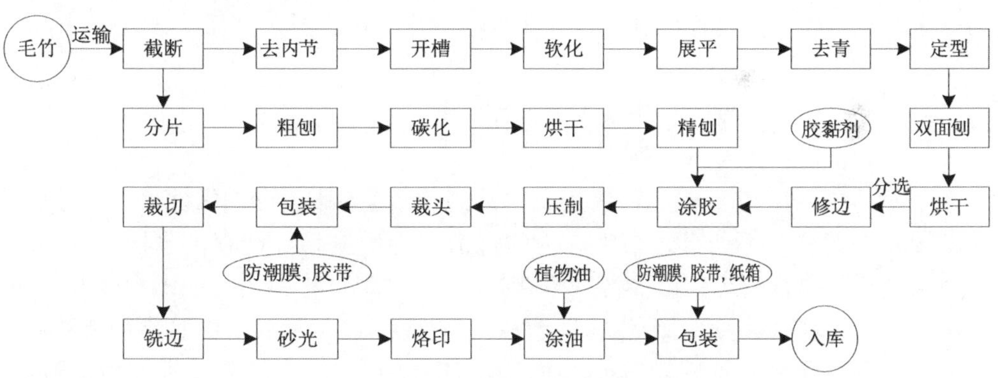

图12.3　竹展开砧板碳足迹过程图

Fig.12.3　Production process of flattened bamboo chopping board

12.3　确定边界和优先事项

在本研究中，竹展开砧板碳足迹评估边界为原材料运输、产品生产、成品入库整个过程的碳排放。包括：①原材料及附加物，包括毛竹原竹，附加物胶黏剂和油漆等；②运输过程，包括原竹和竹板材的运输，附加物胶黏剂、油漆和包装纸箱等的运输；③竹砧板制造，包括从原竹到竹展开板材，再到竹砧板整个过程。

原材料及附加物：本研究假定毛竹自然生产，人工砍伐，不考虑毛竹竹杆的碳排放。附加物中胶黏剂和包装纸箱量较多，系统选取可靠的、具有代表性的胶黏剂和包装纸箱作为隐含的碳排放数据，而油漆和蜡的使用量占竹砧板比例极少，因此对这些数据的收集应给予次要地位，而包装用到的防水膜和胶布用量则因为太少不予考虑（小于 1%）。

运输过程：系统优先考虑运输量大和运输距离较长的环节，特别关注原竹从砍伐地到福建顺昌大庄竹业有限公司和福建顺昌生产的竹展开板材到浙江萧山的大庄实业集团总部的运输过程。其次是附加物如胶黏剂油漆和包装纸箱等的运输。虽然油漆、蜡和包装用的防水膜等的运输过程会对总体碳足迹有一定影响，但所占比值较小，故将这些材料的运输过程排除在系统外。

加工过程：通过对竹砧板加工过程考察，进一步确定数据收集的优先秩序，尤以碳排放较大的生产工艺，如去青、展开、双面刨削等过程为优先事项考虑，从而在实质性调查过程中通过增加样本数据确保结果的可靠性。在初步评估后提出加工过程中三个步骤可能是非实质性的：分选、涂胶、入库。这些步骤是人为操作或产品放置无实质性温室气体排放，故这些过程排除在系统之外。

12.4 数据收集和调查方法

针对竹展开砧板生产过程的所有排放源收集初级活动水平数据和生产过程的碳转移率数据，并把上述数据归为能源流、物质流和碳储存，包括运输过程中消耗的柴油和石油等化石能源（直接排放），加工过程中消耗的电力能源（间接排放），竹废料燃烧消耗的生物质能源（直接排放），附加物中胶黏剂和油漆、包装纸箱等物质流（隐性排放）（图 12.4，表 12.1），以及转移储存在竹展开砧板的碳储量 5 个部分。在此基础上，开始相关数据的收集。

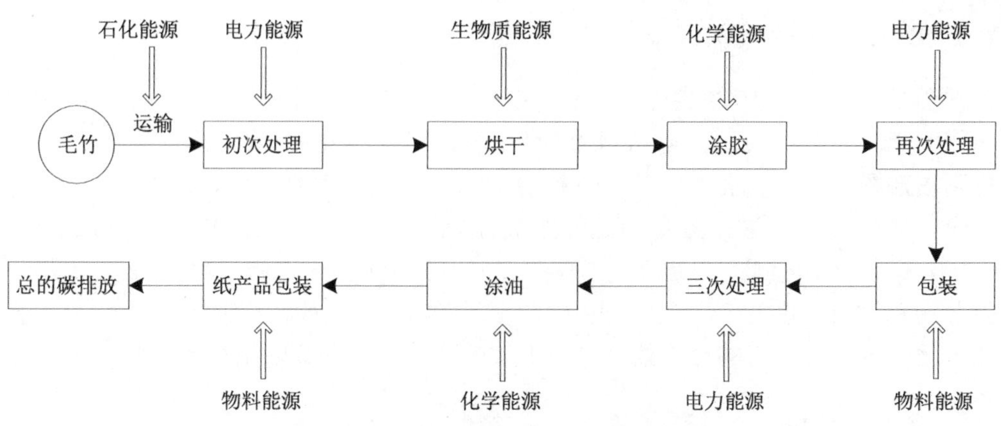

图12.4　竹展开砧板生产过程碳排放源

Fig.12.4　The carbon emission sources of flattened bamboo chopping board during manufacturing process

表12.1　竹展开砧板碳足迹核算数据来源

Tab.12.1　Data sources of assessing carbon footprint for flattened bamboo chopping board

序号	数据类型	对象	基础数据	数据来源
1	化石能源	运输过程中使用的汽油、柴油	单位重量百公里油耗，运输量，运输距离，汽油和柴油碳排放因子	大庄公司提供运输量、单位重量百公里数油耗，汽油和柴油碳排放因子（引用IPCC报告）
2	电力能源	加工过程中机器消耗的电能	机器额定功率，机器加工运行和空转时间，电力排放系数	实测每步单位质量机器运行时间和空转时间及功率，电力碳排放因子（国家发改委华东电网）用2011中国区域电网基准线排放因子（国家发展改革委气候司，2011）
3	附加物隐含碳	加工过程添加的胶黏剂、油漆，包装使用的纸箱等	附加物的量和碳排放因子	实测 $1m^3$ 竹砧板附加物的使用量，通过实际调查获得胶黏剂、油漆、包装箱碳排放因子（引用IPCC报告）
4	生物质能源	竹材加工过程中产生的竹废料燃料	碳转移率，含碳率，竹废料燃烧比例，锅炉的燃烧效率，用于竹砧板生产的比例	通过竹砧板加工过程利用率计算竹废料量，竹废料燃烧比例通过调查获得，锅炉的燃烧效率根据经验值获得，竹材含碳率（周国模，2006）
5	生物碳储量	竹展开砧板转移储存的碳储量	生产过程碳转移率，竹板材干重，含碳率	实测 $1m^3$ 竹砧板的碳储量，竹材含碳率（周国模，2006）

12.4.1　加工过程数据收集

竹砧板从毛竹原竹到成品加工工艺复杂，涉及碳排放的就有二十多个工序，每道工序用不同的机器进行加工。碳排放耗能利用机器功率乘以每工序加工过程的完成时间及机器空转时间进行计算。数据通过在大庄公司进行实测获得，每次10个样本，3次重复。

12.4.2 运输数据收集

竹展开砧板生产中涉及的运输有：毛竹原材料、竹板材及胶黏剂等主要附加物的运输，其中主要是毛竹原竹和竹板材这两部分的运输。原竹从砍伐地运输到福建顺昌大庄竹业有限公司进行前期加工，原竹主要来自福建顺昌、泰宁、建瓯、建阳等地，这个过程中运输距离差别大，导致碳排放的不确定性较大。竹展开砧板从福建顺昌大庄竹业有限公司运往浙江萧山的浙江大庄实业集团有限公司总部进一步加工，这个过程中距离是确定的，因此这部分运输排放计算结果比较可靠。所有的运输数据来源于大庄公司一年的运输报表数据。

12.4.3 附加物数据收集

胶黏剂、油漆和包装纸箱等在竹展开砧板生产中使用量较少，属于附加物，其使用量可通过实际抽样调查加工或包装前后的重量进行计算。它们的二氧化碳排放当量可通过选择 IPCC 碳排放因子数据库、权威杂志、同行公开发表的文献中相同或相近的碳排放因子进行计算。

12.5 竹展开砧板的碳足迹评估

竹展开砧板碳足迹评估是计测从伐后原竹运输、竹砧板生产到产品入库过程中所有排放源的二氧化碳排放当量减去竹砧板中转移的碳储量。其中二氧化碳排放当量是生产过程中所有材料、能源耗量的初级活动水平数据乘以排放因子之和。

12.5.1 运输过程化石能源碳排放计测

运输过程中化石能源产生直接碳排放，包括伐后毛竹、竹板材以及胶黏剂等的运输，主要是柴油、汽油能源燃烧的直接排放。

运输过程化石能源碳排放的计算公式可表示为

$$C_1 = \sum_{i}^{n} P_i \times M_i \times D_i \times \mathrm{EF}_i \tag{12.1}$$

式中，C_1 为运输过程化石能源碳排放；i为各排放源；n为项数；P_i 为单位质量能源百公里能耗量；M_i 为运输的产品质量；D_i 为运输距离；EF_i 为能源碳排放因子。

1m^3 竹展开砧板规格 1（360mm×240mm×17mm）运输过程碳排放计算结果见表 12.2a；1m^3 竹展开砧板规格 2（380mm×280mm×18mm）运输过程碳排

放计算结果见表 12.2b。

表12.2a 规格1竹展开砧板运输过程碳排放（C_1）
Tab.12.2a The carbon emission of flattened bamboo chopping board (specification 1) in transport (C_1)

序号	运输材料	能源类型	能耗 /[L/（T · 100 km）]	运输距离 / km	运输重量 /（kg/m^3 成品）	碳排放因子 /（kg/L）	CO_2 排放当量 /kg	所占比例 /%
1	毛竹原竹	柴油	1.5	40	2785.94	2.63	4.3962	15.48
2	竹展开板材	柴油	1.5	650	923.04	2.63	23.6691	83.35
3	胶黏剂	汽油	2.0	200	30.16	2.30	0.2775	0.98
4	植物油	汽油	2.0	100	7.58	2.30	0.0349	0.12
5	包装材料	汽油	2.0	15	26.11	2.30	0.0180	0.06
合计							28.3957	100.00

表12.2b 规格2竹展开砧板运输过程碳排放（C_1）
Tab.12.2b The carbon emission of flattened bamboo chopping board (specification 2) in transport (C_1)

序号	运输材料	能源类型	能耗 /[L/（T·100 km）]	运输距离 / km	运输重量 /（kg/m^3 成品）	碳排放因子 /（kg/L）	CO_2 排放当量 /kg	所占比例 /%
1	毛竹原竹	柴油	1.5	40	2565.30	2.63	4.0480	15.56
2	竹展开板材	柴油	1.5	650	844.99	2.63	21.6678	83.28
3	胶黏剂	汽油	2.0	200	27.61	2.30	0.2540	0.98
4	植物油	汽油	2.0	100	6.94	2.30	0.0319	0.12
5	包装材料	汽油	2.0	15	23.90	2.30	0.0165	0.06
合计							26.0183	100.00

从表 12.2a 可知，生产 1m^3 规格 1 竹展开砧板产生的运输碳排放为 28.3957kg CO_2 当量，其中伐后毛竹原竹为 4.3962kg，占 15.48%；竹展开板材为 23.6691kg，占 83.35%。从表 12.2b 可知，生产 1m^3 规格 2 竹展开砧板产生的运输碳排放为 26.0183kg CO_2 当量，其中伐后毛竹原竹为 4.0480kg，占 15.56%；竹展开板材为 21.6678kg，占 83.28%。

在运输过程中碳排放的主要影响因素是运输量和运输距离。毛竹原竹从产地福建顺昌及周边县市运输到福建顺昌大庄竹业有限公司，按照公司统计数据计算平均距离为 40km，生产 1m^3 规格 1 竹展开砧板需毛竹原竹鲜重 2785.9445kg，生产 1m^3 规格 2 竹展开砧板需毛竹原竹鲜重 2565.3006kg。竹展开板材从福建顺昌运往浙江萧山的浙江大庄实业集团有限公司总部进一步加工成竹展开砧板，运输距离 650km，1m^3 规格 1 和规格 2 竹展开砧板分别需竹展开板材鲜重 923.0407kg 和 844.9955kg，这部分因为运输距离较远导致碳排放最大。胶黏剂和包装材料因为用量少，所以运输过程产生的碳排放基本可以忽略不计。

12.5.2 加工过程电力能源碳排放计测

竹展开砧板加工过程电力能源碳排放是以各工序机器功率乘以各工序的完成时间及机器空转时间进行计算的，公式如下：

$$C_2=\sum_i^n P_i(0.75T_{1i}+0.2T_{2i})\mathrm{EF}_i \tag{12.2}$$

式中，C_2 为竹展开砧板加工过程电力能源碳排放；P_i 为每个工序机器的额定功率；T_{1i} 为第 i 工序机器运行时间；T_{2i} 为第 i 工序机器空转时间；0.75 和 0.2 分别为机器加工运行时的能耗系数和机器空转时的能耗系数（依据经验值）；EF_i 为电力的碳排放因子。1m^3 竹展开砧板加工过程碳排放计算结果见表 12.3a 和表 12.3b。

表12.3a 规格1竹展开砧板加工过程碳排放（C_2）

Tab.12.3a The carbon emission of flattened bamboo chopping board (specification 1) in process(C_2)

序号	工序		机器功率 /（kW/h）	机器加工运行时间 /s	机器空转时间 /s	转移率 /%	生产每块砧板电力能耗 /（kW · h）	生产 1 块砧板 CO_2 排放当量 /kg	生产 1m^3 砧板 CO_2 排放当量 /kg	所占比例 /%
1	展开工序	展开材截断	4.50	4	6.0	100.00	0.0053	0.0044	2.9907	2.43
2		去内节	4.00	45	49.2	98.69	0.0032	0.0027	1.8393	1.50
3		去青	11.25	84	47.0	84.60	0.0151	0.0126	8.5922	6.99
4		开槽	6.00	20	52.0	99.06	0.0028	0.0024	1.6077	1.31
5		软化	1.50	60	60.0	100.00	0.0006	0.0005	0.3221	0.26
6		展开	14.00	60	60.0	100.00	0.0148	0.0124	8.4181	6.85
7		定型	4.30	60	60.0	100.00	0.0045	0.0038	2.5856	2.10
8		压刨（去青）	29.00	56	10.0	82.94	0.0236	0.0198	13.4606	10.96
9		压刨（去黄）	29.00	52	10.0	79.21	0.0220	0.0184	12.5428	10.21
10		烘干	1.50	115，200		100.00	0.0003	0.0002	0.1519	0.12
11		修边	6.95	15	25.0	93.74	0.0052	0.0044	2.9785	2.42
12	集成工序	集成材截断	4.50	4	10.0	100.00	0.0024	0.0020	1.3846	1.13
13		分片	5.00	2	2.0	98.51	0.0010	0.0009	0.5846	0.48
14		粗刨	19.50	20	3.0	54.02	0.0296	0.0247	16.8474	13.71
15		碳化	1.50	60	60.0	100.00	0.0000	0.0000	0.0008	0.00
16		烘干	1.50	86，400		100.00	0.0002	0.0001	0.0912	0.07
17		精刨	15.00	17	3.0	67.10	0.0195	0.0163	11.0903	9.03

续表

序号	工序		机器功率 /（kW/h）	机器加工运行时间 /s	机器空转时间 /s	转移率 /%	生产每块砧板电力能耗 /（kW · h）	生产 1 块砧板 CO_2 排放当量 /kg	生产 $1m^3$ 砧板 CO_2 排放当量 /kg	所占比例 /%
18	合成工序	涂胶	2.20	7	3.0	100.00	0.0008	0.0007	0.4526	0.37
19		压制	20.00	60	60.0	100.00	0.0029	0.0025	1.6703	1.36
20		裁切	3.50	5	20.0	98.86	0.0017	0.0014	0.9538	0.78
21		铣边	8.00	30	10.0	91.98	0.0181	0.0152	10.3381	8.41
22		砂光	50.00	25	15.0	96.14	0.0403	0.0337	22.9442	18.68
23		烙印	3.00	20	5.0	100.00	0.0018	0.0015	1.0127	0.82
合计							0.2157	0.1805	122.8600	100.00

注：碳排放因子为 0.8367kg/(kW · h)

Note：the carbon emission factor is 0.8367kg/(kW · h)

表12.3b 规格2竹展开砧板加工过程碳排放（C_2）

Tab.12.3b The carbon emission of flattened bamboo chopping board (specification 2) in process(C_2)

序号	工序		机器功率 /（kW/h）	机器加工运行时间 /s	机器空转时间 /s	转移率 /%	生产每块砧板电力能耗 /（kW · h）	生产 1 块砧板 CO_2 排放当量 /kg	生产 $1m^3$ 砧板 CO_2 排放当量 /kg	所占比例 /%
1	展开工序	展开材截断	4.50	4.0	15.0	100.00	0.0075	0.0063	3.2766	2.38
2		去内节	4.00	35.0	44.3	97.39	0.0039	0.0033	1.7043	1.24
3		去青	11.25	64.0	47.0	84.60	0.0179	0.0150	7.8364	5.68
4		开槽	6.00	13.5	35.7	99.06	0.0029	0.0024	1.2571	0.91
5		软化	1.50	60.0	60.0	100.00	0.0008	0.0007	0.3706	0.27
6		展开	14.00	50.0	60.0	100.00	0.0193	0.0161	8.4098	6.10
7		定型	4.30	60.0	60.0	100.00	0.0068	0.0057	2.9744	2.16
8		压刨（去青）	29.00	65.1	10.0	82.94	0.0409	0.0343	17.8866	12.97
9		压刨（去黄）	29.00	57.9	12.0	79.21	0.0369	0.0309	16.1270	11.69
10		烘干	1.50	115.0，200.0		100.00	0.0003	0.0003	0.1404	0.10
11		修边	6.95	9.3	20.5	93.74	0.0053	0.0045	2.3352	1.69
12	集成工序	集成材截断	4.50	4.0	10.0	100.00	0.0035	0.0029	1.5169	1.10
13		分片	5.00	2.0	2.0	98.51	0.0015	0.0012	0.6405	0.46
14		粗刨	19.50	20.0	3.0	54.02	0.0423	0.0354	18.4579	13.38
15		碳化	1.50	60.0	60.0	100.00	0.0000	0.0000	0.0009	0.00
16		烘干	1.50	86.0，400.0		100.00	0.0002	0.0002	0.1000	0.07
17		精刨	15.00	17.0	3.0	67.10	0.0278	0.0233	12.1505	8.81

续表

序号	工序		机器功率 /（kW/h）	机器加工运行时间 /s	机器空转时间 /s	转移率 /%	生产每块砧板电力能耗 /（kW·h）	生产 1 块砧板 CO_2 排放当量 /kg	生产 $1m^3$ 砧板 CO_2 排放当量 /kg	所占比例 /%
18	合成工序	涂胶	2.20	7.0	3.0	100.00	0.0018	0.0015	0.7809	0.57
19		压制	20.00	60.0	60.0	100.00	0.0033	0.0028	1.4411	1.04
20		裁切	3.50	5.0	20.0	98.86	0.0025	0.0021	1.0972	0.80
21		铣边	8.00	30.0	10.0	91.98	0.0272	0.0228	11.8927	8.62
22		砂光	50.00	25.0	15.0	96.14	0.0604	0.0506	26.3944	19.13
23		烙印	3.00	20.0	5.0	100.00	0.0027	0.0022	1.1650	0.84
合计							0.3158	0.2642	137.9564	100.00

注：碳排放因子为 0.8367kg/(kW · h)

Note：the carbon emission factor is 0.8367kg/(kW · h)

从表 12.3a 和表 12.3b 可见，竹展开砧板加工工艺流程中涉及使用电力能源的有二十多步。每块竹展开砧板由上下 2 块竹展开板材片和中间层竹集成材精刨条胶黏而成，在计算加工过程碳排放时，分别计算竹展开板材片和中间竹集成材精刨条加工时间，层层递推，计算出一块竹展开砧板的能耗和碳排放；然后根据规格和重量，计算单位质量能耗及碳排放、生产 $1m^3$ 竹板材所需竹材干重和电力能耗及碳排放。

规格 1 竹展开砧板（360mm×240mm×17mm），一块竹砧板重量为 1.185kg，含水率为 12%，干重为 1.043kg。$1m^3$ 的竹展开砧板有 680.8 块，干重为 710.1035kg，所排放的 CO_2 当量为 122.8600kg，其中去青为 8.5922kg，占 6.99%；展开为 8.4181kg，占 6.85%；压刨去青和去黄分别为 13.4606kg 和 12.5428kg，占 10.96% 和 10.21%；集成材的粗刨和精刨分别为 16.8474kg 和 11.0903kg，占 13.71% 和 9.03%；铣边为 10.3381kg，占 8.41%；砂光为 22.9442kg，所占比例最大为 18.68%。

规格 2 竹展开砧板（380mm×280mm×18mm），一块竹砧板质量为 1.415kg，含水率为 12%，干重为 1.245kg。$1m^3$ 的竹展开砧板有 528.1 块，干重为 650.0627kg，所排放的 CO_2 当量为 137.9564kg。其中去青为 7.8364kg，占 5.68%；展开为 8.4098kg，占 6.10%；压刨去青和去黄分别为 17.8866kg 和 16.1270kg，占 12.97% 和 11.69%；集成材的粗刨和精刨分别为 18.4579kg 和 12.1505kg，占 13.38% 和 8.81%；铣边为 11.8927kg，占 8.62%；砂光为 26.3944kg，所占比例最大为 19.13%。

12.5.3　附加物隐含碳排放计测

竹展开砧板加工过程中需添加胶黏剂、油漆，包装时需用纸箱等。附加物的隐含碳排放计算公式如下：

$$C_3 = \sum_{i}^{n} P_i \times \mathrm{EF}_i \tag{12.3}$$

式中，C_3 为竹展开砧板附加物隐含碳排放；P_i 为竹展开砧板附加物消耗量；EF_i 为电力的碳排放因子；i 为各排放源。附加物隐含碳排放的主要影响因素是附加物的使用量和碳排放因子。黏剂和包装纸箱的使用量为每千克竹展开砧板需 0.0374kg 和 0.0324kg。防潮纸和胶带等使用量较少，它们的隐含碳排放基本可以忽略不计。1m^3 竹展开砧板附加物隐含碳排放计算结果见表 12.4a 和表 12.4b。

表12.4a 规格1竹展开砧板附加物碳排放（C_3）

Tab.12.4a The carbon emission of flattened bamboo chopping board (specification 1) in addendum（C_3）

序号	工序	附加物	碳排放因子 /（kg/kg）	生产 1kg 砧板附加物使用量 /kg	生产 1m^3 砧板附加物使用量 /kg	生产 1kg 砧板 CO_2 排放当量 /kg	生产 1m^3 砧板 CO_2 排放当量 /kg	所占比例 /%
1	涂胶	胶黏剂	0.6	0.0374	30.1639	0.0224	18.0983	41.98
2	涂油	植物油	0.2	0.0094	7.5819	0.0019	1.5164	3.52
3	包装	纸箱	0.9	0.0324	26.1113	0.0291	23.5002	54.51
合计						0.0534	43.1149	100.00

表12.4b 规格2竹展开砧板附加物碳排放（C_3）

Tab.12.4b The carbon emission of flattened bamboo chopping board(specification 2) in addendum（C_3）

序号	工序	附加物	碳排放因子 /（kg/kg）	生产 1kg 砧板附加物使用量 /kg	生产 1m^3 砧板附加物使用量 /kg	生产 1kg 砧板 CO_2 排放当量 /kg	生产 1 m^3 砧板 CO_2 排放当量 /kg	所占比例 /%
1	涂胶	胶黏剂	0.6	0.0374	27.6135	0.0224	16.5681	41.98
2	涂油	植物油	0.2	0.0094	6.9409	0.0019	1.3882	3.52
3	包装	纸箱	0.9	0.0324	23.9035	0.0291	21.5132	54.51
合计						0.0534	39.4694	100.00

研究表明：由于规格不同，每块竹展开砧板重量不同，导致每立方米不同规格竹展开砧板的附加物使用量不同。例如，规格 1 每立方米竹展开砧板胶黏剂的使用量为 30.1639kg，而规格 2 每立方米胶黏剂的使用量为 27.6135kg，见表 12.4a 和表 12.4b。

生产 1m^3 规格 1 竹展开砧板附加物碳排放为 43.1149kg，其中胶黏剂为 18.0983kg，占 41.98%；包装纸箱为 23.5002kg，占 54.51%。

生产 1m^3 规格 2 竹展开砧板附加物碳排放为 39.4694kg，其中胶黏剂为 16.5681kg，占 41.98%；包装纸箱为 21.5132kg，占 54.51%。

12.5.4 竹废料燃烧的生物质能源碳排放计测

在竹展开砧板碳足迹调查过程中发现，企业利用竹砧板生产中的一些竹废料如竹废条、竹废料等作为锅炉、蒸汽等的能源使用，竹废料燃烧产生了部分二氧化碳的排放。但根据 PAS 2050《产品碳足迹评估规范》，由于竹子在生长过程吸收了二氧化碳，此类燃烧排放只是把生长中所吸收的二氧化碳返回，在评估中需测算竹废料燃烧的碳排放量，但并不计入竹砧板碳足迹评估范围。

竹废料燃烧的碳排放公式为

$$C_4=P_i\times 0.2\times 0.6\times 0.7\times K\times 44/12 \tag{12.4}$$

式中，C_4 为竹砧板生产过程中废料用于锅炉燃烧产生的 CO_2 排放当量；P_i 为竹废料干重；K 为含碳率；0.2 为竹废料用于燃烧的比例；0.6 为竹废料锅炉燃烧效率；0.7 为用于竹砧板加工的热能系数；44/12 为 CO_2 和 C 比。因此，生产 $1m^3$ 竹展开砧板的竹废料燃烧产生的 CO_2 排放当量为

C_4（规格 1）= 1044.6620×0.2×0.6×0.7×0.5042×44/12=162.2293kg

C_4（规格 2）= 996.8566×0.2×0.6×0.7×0.5042×44/12=154.8055kg

此数据仅为了解用，不计入碳足迹评估范围。

12.5.5 竹展开砧板中储存的碳储量计测

毛竹加工生产成竹砧板过程中将竹林碳汇转移到竹砧板碳库中。根据 PAS 2050 规范，当产品包含生物碳并保留一年以上时，碳储存的影响将以加权平均的形式、以负的二氧化碳当量值纳入产品生命周期内 GHG 排放评价，竹砧板符合这类特征。其中竹砧板储存的碳储量、使用寿命构成了碳储存影响的关键部分。竹展开砧板的碳储存根据竹砧板中转移固定的碳储量乘上加权系数（以竹材产品理论寿命计）进行计算，具体计算公式如下：

$$C_5=\frac{M\times 0.76\times T_0}{100} \tag{12.5}$$

式中，C_5 为竹展开砧板理论寿命内储存的碳储量效益；M 为 $1m^3$ 竹展开砧板储存的 CO_2 当量；T_0 为某个产品形成后，其全部碳储存效益存在的年数；（0.76×T_0）/100 为碳储存的加权系数（此加权系数适用于其全部碳储存效益存续 2～25 年，此后没有碳储存效益）。

根据第一部分“竹材产品碳储量研究”中的数据计算可得 $1m^3$ 竹展开砧板的干重为 710.1035kg（规格 1）和 650.0627kg（规格 2），再分别乘以竹材含碳率 0.5042，得到 $1m^3$ 竹展开砧板的碳储量，再转化为二氧化碳当量。

M（规格 1）=710.1035×0.5042×44/12=1312.7920kg

M（规格 2）=650.0627×0.5042×44/12=1201.7926kg

以竹展开砧板理论寿命 8 年计，碳储存效益为

$$C_5（规格1）= \frac{1312.7920\times0.76\times8}{100} =79.8178\text{kg}$$

$$C_5（规格2）= \frac{1201.7926\times0.76\times8}{100} =73.0690\text{kg}$$

12.5.6　竹展开砧板碳足迹评估

$$C=\sum_{i}^{n}C_i-C_5$$

式中，C 为竹展开砧板碳足迹；i 为各排放源；C_i 为每个排放源单位质量或体积二氧化碳排放当量；C_5 为竹展开砧板的碳储存效益。1m^3 竹展开砧板的碳足迹为

C（规格 1）=$C_1+C_2+C_3-C_5$=28.3957＋122.8600＋43.1149－79.8178=114.5528kg

C（规格 2）=$C_1+C_2+C_3-C_5$=26.0183＋137.9564＋39.4694－73.0690=130.3751kg

12.5.7　竹展开砧板碳足迹的构成分析

竹展开砧板碳排放分为三类：运输过程化石能源排放，加工过程电力能源排放、附加物隐含碳排放。其中加工过程电力能源碳排放最大。

生产 1m^3 规格 1 竹展开砧板加工过程电力能源碳排放为 122.8600kg，占 63.21%；运输过程化石能源碳排放为 28.3957kg，占 14.61%；附加物隐含碳排放为 43.1149kg，占 22.18%（图 12.5a）。

生产 1m^3 规格 2 竹展开砧板加工过程电力能源碳排放为 137.9564kg，占 67.81%；运输过程化石能源碳排放为 26.0183kg，占 12.79%；附加物隐含碳排放为 39.4694kg，占 19.40%（图 12.5b）。

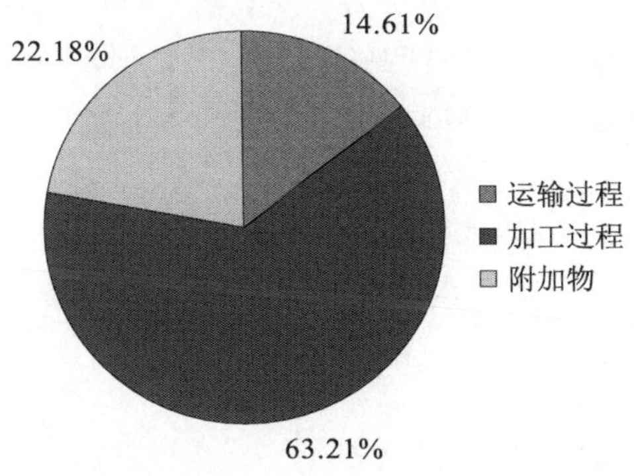

图12.5a　展开竹砧板（规格1）碳排放构成

Fig.12.5a　Form of carbon emission for the flattened bamboo chopping board (specification1)

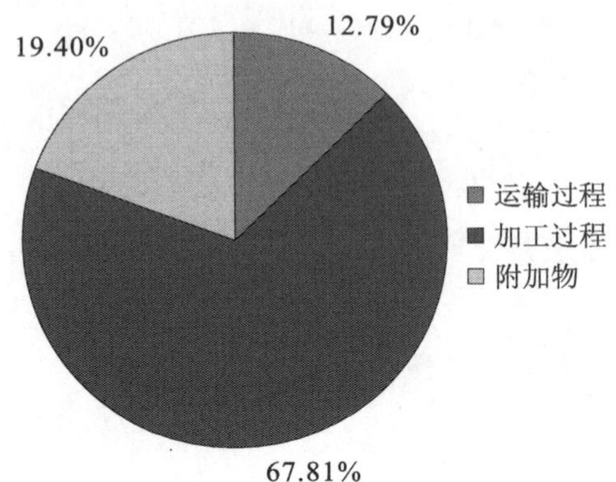

图12.5b 展开竹砧板（规格2）碳排放构成

Fig.12.5b Form of carbon emission for the flattened bamboo chopping board(specification 2)

考虑到竹展开砧板自身生物碳储存效益起到了延缓碳排放作用，因此最终的碳足迹就由 4 部分组成：运输过程化石能源碳排放、加工过程电力能源碳排放、附加物隐含碳排放和自身碳储存效益（竹展开砧板规格 1 和规格 2 见图 12.6a 和图 12.6b）。

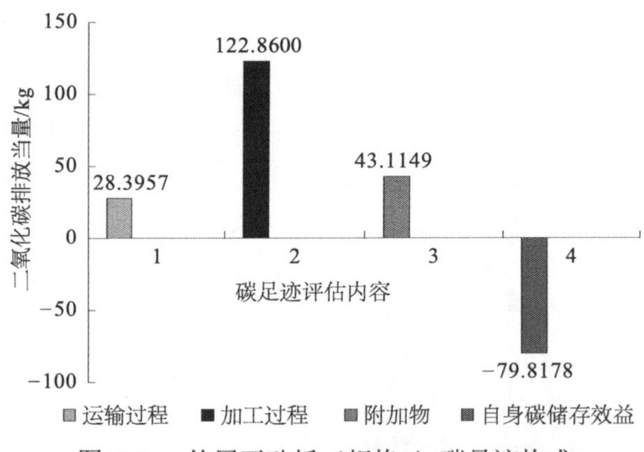

图12.6a 竹展开砧板（规格1）碳足迹构成

Fig.12.6a Form of carbon footprint for the flattened bamboo chopping board (specification 1)

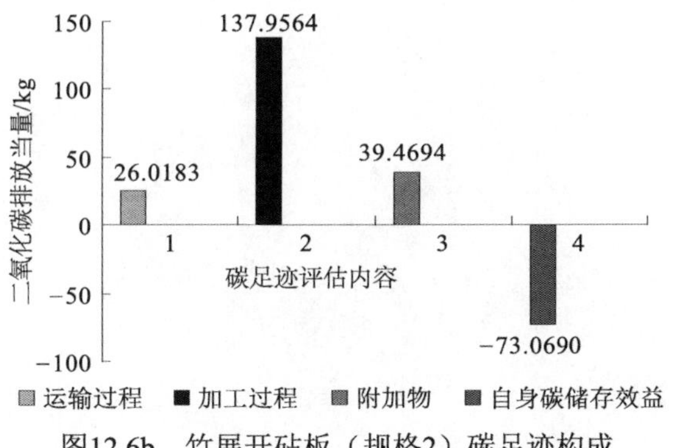

图12.6b　竹展开砧板（规格2）碳足迹构成

Fig.12.6b　Form of carbon footprint for the flattened bamboo chopping board (specification 2)

13 竹重组地板碳足迹评估

重组竹又称重竹，是近年来开发应用的将竹材重新组织并加以强化成型的一种竹质新材料，它是先将竹材加工成长条状竹篾、竹丝或碾碎成竹丝束，经干燥后浸胶，再干燥到一定含水率，然后铺放在模具中，经高温高压热固化而成的型材。它具有竹材利用率高、原料来源广、加工性能好、成本低等优势，可用作地板、建筑模板、装饰材料、家具用材、包装箱板、车厢底板等，市场前景良好。

目前竹地板的生产主要为3种：竹集成地板、竹重组地板和竹展开地板，其中竹重组地板能最大化地提高竹林资源利用效率，资源利用率比传统木地板要高，密度也较其他竹地板大，耐磨性、稳定性也较高，是一类新型、高效的竹地板，在木材资源短缺的背景下发展前景广阔。但它在生产过程中对环境的真实影响到底怎样？碳足迹的大小如何？又具有怎样的减排潜力？这都是急需研究的课题。

本章以浙江大庄实业集团总部及江西资溪大庄竹木制品有限公司生产的竹重组地板（户外、室内）为例进行碳足迹评估。

13.1 功能单位确定

竹地板在最终销售时通常是以面积为单位计量的，生产厂家通常是以体积为单位的，加工过程中涉及竹材含水率不同则要统一成干重，此外重组竹的密度也不同。竹杆圆形中空的特征决定了在运输及生产加工过程中以面积或体积计量碳排放将非常复杂。为了更加精确地计测生产中的碳排放和碳转移，本研究调查中将以质量为计量功能单位，通过加工过程碳转移率及质量进行竹材体积和面积之间的换算。本研究选择的代表性规格为户外

1860mm×137mm×20mm；室内 910mm×127mm×14mm，碳密度依据厂家的要求，最终评估 $1m^3$ 户外和室内竹重组地板产品的碳足迹。

13.2 过程图绘制

通过与浙江大庄实业集团有限公司专业技术人员的交流及进行实地调查，了解了产品的加工程序和材料单，确定了物质的输入、制造和运输等过程，绘制了竹重组地板碳足迹过程图（图 13.1），其中 1 表示竹重组室内地板过程图，2 表示竹重组户外地板过程图。

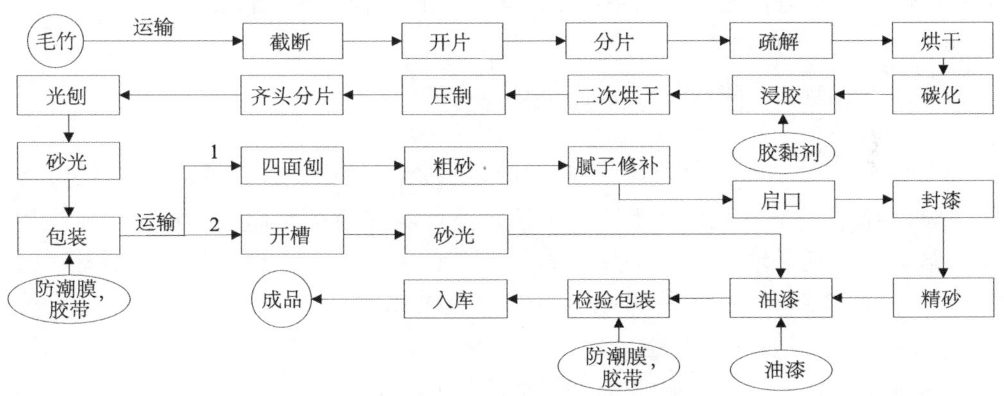

图13.1 竹重组地板碳足迹过程图

Fig.13.1 Production process of reconstituted bamboo floor

13.3 确定边界和优先事项

在本研究中，竹重组地板碳足迹评估边界为原材料运输、产品生产、成品入库整个过程的碳排放。包括：①原材料及附加物，包括毛竹原竹，附加物胶黏剂和油漆等；②运输过程，包括从原竹和竹板材的运输，附加物胶黏剂、油漆和包装纸箱等的运输；③竹地板制造，包括原竹到重组竹，再到竹地板整个过程。

原材料及附加物：附加物中胶黏剂和包装纸箱量较多，系统选取可靠的、具有代表性的胶黏剂和包装纸箱作为隐含的碳排放数据，而油漆和蜡的使用量占竹地板比例极少，因此对这些数据的收集给予次要地位，而包装用到的防水膜和胶布用量则因为太少不予考虑（小于 1%）。

运输过程：系统优先考虑运输量大和运输距离较长的环节，特别关注原竹从砍伐地到江西资溪大庄竹木制品有限公司和江西资溪生产的重组板材到浙江萧山的大庄实业集团总部的运输过程。其次是附加物如胶黏剂、油漆和包装纸箱等的运输。虽然油漆和包装用的防潮膜等的运输过程会对总体碳足迹有一定影响，但所占比值较小，故将这些材料的运输过程排除在系统外。

加工过程：通过对竹重组地板加工过程考察，进一步确定数据收集的优先秩序，尤以碳排放较大的生产工艺，如疏解、压制等过程为优先事项考虑，从而在实质性调查过程中通过增加样本数据确保结果的可靠性。在初步评估后提出加工过程中两个步骤可能是非实质性的：浸胶、入库。这些步骤为人为操作或产品放置无实质性温室气体排放，故这些过程排除在系统之外。

13.4 数据收集和调查方法

针对竹重组地板生产过程的所有排放源收集初级活动水平数据和生产过程的碳转移率数据，并把上述数据归为能源流、物质流和碳储存，包括运输过程中消耗的柴油和石油等石化能源（直接排放），加工过程中消耗的电力能源（间接排放），竹废料燃烧消耗的生物质能源（直接排放），附加物中胶黏剂和油漆、包装纸箱等排放（隐性排放）（图 13.2，表 13.1），以及转移储存在竹重组地板的碳储量 5 个部分。在此基础上，开始相关数据的收集。

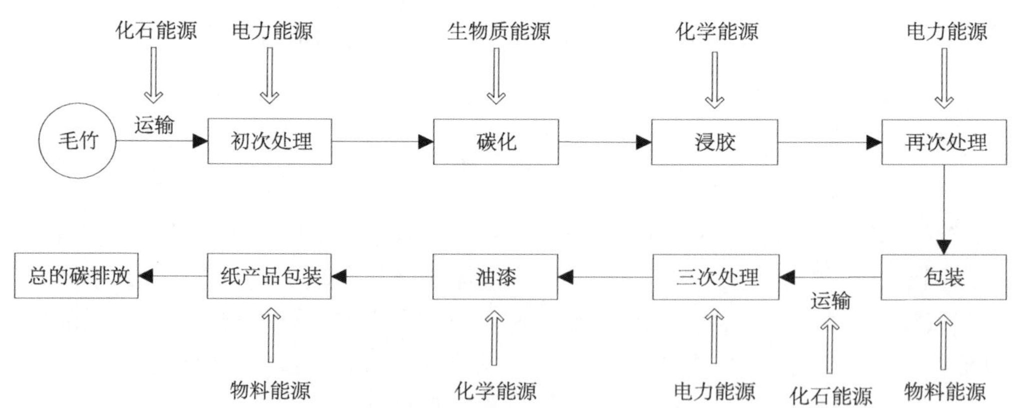

图13.2　竹重组地板生产过程碳排放源

Fig.13.2　The carbon emission sources of reconstituted bamboo floor during manufacturing process

表13.1　竹重组地板碳足迹核算数据来源

Tab.13.1　Data sources of assessing carbon footprint for reconstituted bamboo floor

序号	数据类型	对象	基础数据	数据来源
1	化石能源	运输过程中使用的汽油、柴油	单位重量百公里油耗，运输量，运输距离，汽油和柴油碳排放因子	大庄公司提供运输量、单位重量百公里数油耗，汽油和柴油碳排放因子（引用 IPCC 报告）
2	电能能源	加工过程中机器消耗的电能	机器额定功率，机器加工运行和空转时间，电力排放系数	实测每步单位质量机器运行时间和空转时间及功率，电力碳排放因子（国家发改委华东电网）用 2011 年中国区域电网基准线排放因子（国家发改委应对气候变化司，2011）
3	附加物隐含碳	加工过程添加的胶黏剂、油漆，包装使用的纸箱等	附加物的量和碳排放因子	实测 $1m^3$ 竹地板附加物的使用量，通过实际调查获得胶黏剂、油漆、包装箱碳排放因子（引用 IPCC 报告）
4	生物质能源	竹材加工过程中产生的竹废料燃料	碳转移率，含碳率，竹废料燃烧比例，锅炉的燃烧效率，用于竹地板生产的比例	通过竹地板加工过程利用率计算竹废料量，竹废料燃烧比例通过调查获得，锅炉的燃烧效率根据经验值获得，竹材含碳率（周国模，2006）
5	生物碳储量	竹重组地板转移储存的碳储量	生产过程碳转移率，竹板材干重，含碳率	实测 $1m^3$ 竹地板的碳储量，竹材含碳率（周国模，2006）

13.4.1　加工过程数据收集

竹重组地板从毛竹原竹到成品加工工艺复杂，涉及碳排放的就有十多个工序，每道工序用不同的机器进行加工。碳排放耗能利用机器功率乘以每工序加工过程的完成时间及机器空转时间进行计算。数据通过在大庄公司进行实测获得，并且户外与室内竹地板数据分别采集，每次 10 个样本，3 次重复。

13.4.2　运输数据收集

竹重组地板生产中涉及的运输有：毛竹原材料、竹重组板材及胶黏剂等主要附加物的运输，其中主要是毛竹原竹和重组竹板材这两部分的运输。原竹从砍伐地运输到江西资溪大庄竹木制品有限公司进行前期加工，原竹主要来自江西资溪、金溪、南城、黎川等地，这个过程中运输距离差别大，导致碳排放的不确定性较大。竹重竹板材从江西资溪大庄竹木制品有限公司运往浙江萧山的浙江大庄实业集团有限公司总部进一步加工，这个过程中距离是确定的，因此这部分运输排放计算结果比较可靠。所有的运输数据来源于大庄公司一年的运输报表数据。

13.4.3　附加物数据收集

胶黏剂、油漆和包装纸箱等在竹重组地板生产中使用量较少，属于附加物，其使用量可通过实际抽样调查加工或包装前后的重量进行计算。它们的二氧化碳排放当量可通过选择 IPCC 碳排放因子数据库、权威杂志、同行公开发表的文献中相同或相近的碳排放因子进行计算。

13.5 竹重组地板的碳足迹评估

竹重组地板碳足迹评估是计测从伐后原竹运输、竹地板生产到产品入库过程中所有排放源的二氧化碳排放当量减去竹重组地板中转移的碳储量。其中二氧化碳排放当量是生产过程中所有材料、能源耗量的初级活动水平数据乘以其排放因子之和。

13.5.1 运输过程化石能源碳排放计测

运输过程中化石能源产生直接碳排放，包括伐后毛竹、重组竹板材及胶黏剂等的运输，主要是柴油、汽油能源燃烧的直接排放。

运输过程化石能源碳排放的计算公式可表示为

$$C_1 = \sum_{i}^{n} P_i \times M_i \times D_i \times \mathrm{EF}_i \tag{13.1}$$

式中，C_1 为运输过程化石能源碳排放；i为各排放源；n为项数；P_i 为单位质量能源百公里能耗量；M_i 为运输的产品质量；D_i 为运输距离；EF_i 为能源碳排放因子。1m^3 竹重组地板运输过程碳排放计算结果见表 13.2a 和表 13.2b。

表13.2a 竹重组地板（户外）运输过程碳排放（C_1）

Tab.13.2a The carbon emission of reconstituted bamboo floor (outdoors) in transport（C_1）

序号	运输材料	能源类型	能耗 /[L/（T·100 km）]	运输距离 / km	运输重量 /（kg/m^3 成品）	碳排放因子 /（kg/L）	CO_2 排放当量 /kg	所占比例 /%
1	毛竹原竹	柴油	1.5	55	2686.09	2.63	5.8281	18.77
2	竹重组板材	柴油	1.5	550	1115.27	2.63	24.1987	77.95
3	胶黏剂	汽油	2.0	200	108.06	2.30	0.9942	3.20
4	油漆	汽油	2.0	200	1.47	2.30	0.0135	0.04
5	包装材料	汽油	2.0	15	14.34	2.30	0.0099	0.03
合计							31.0445	100.00

表13.2b　竹重组地板（室内）运输过程碳排放（C_1）

Tab.13.2b　The carbon emission of reconstituted bamboo floor （indoors） in transport（C_1）

序号	运输材料	能源类型	能耗 /[L/（T·100 km）]	运输距离 / km	运输重量 /（kg/ m^3 成品）	碳排放因子 /（kg/L）	CO_2 排放当量 /kg	所占比例 /%
1	毛竹原竹	柴油	1.5	55	2351.493	2.63	5.1022	18.77
2	竹重组板材	柴油	1.5	550	976.350	2.63	21.1844	77.91
3	胶黏剂	汽油	2.0	200	94.604	2.30	0.8704	3.20
4	油漆	汽油	2.0	200	2.299	2.30	0.0212	0.08
5	包装材料	汽油	2.0	15	16.647	2.30	0.0115	0.04
合计							27.1895	100.00

从表 13.2 可知，生产 $1m^3$ 竹重组户外地板产生的运输碳排放为 31.0445kg CO_2 当量，其中伐后毛竹原竹为 5.8281kg，占 18.77%；重组竹板材为 24.1987kg，占 77.95%。竹重组室内地板产生的运输碳排放为 27.1895kg CO_2 当量，其中伐后毛竹原竹为 5.1022kg，占 18.77%；竹展开板材为 21.1844kg，占 77.91%。

在运输过程中碳排放的主要影响因素是运输量和运输距离。毛竹原竹从产地江西资溪及周边县市运输到江西资溪大庄竹木制品有限公司，按照公司统计数据计算平均距离为 55km，生产 $1m^3$ 竹重组户外地板需毛竹原竹鲜重 2686.090kg，运输毛竹原竹的 CO_2 排放当量为 5.828kg，而竹重组室内地板则需毛竹原竹鲜重 2351.494kg。竹重组板材从江西资溪运往浙江萧山的浙江大庄实业集团有限公司总部进一步加工成竹地板，运输距离 550km，$1m^3$ 竹重组板材（户外）鲜重 1115.28kg，而竹重组板材（室内）鲜重 976.350kg，这部分运输碳排放最大。胶黏剂和包装材料因为用量少所占碳排放比例很小。

13.5.2　加工过程电力能源碳排放计测

竹重组地板加工过程电力能源碳排放是以各工序机器功率乘以各工序的完成时间及机器空转时间进行计算的，公式如下：

$$C_2 = \sum_{i}^{n} P_i (0.75T_{1i} + 0.2T_{2i}) \text{EF}_i \tag{13.2}$$

式中，C_2 为竹重组地板加工过程电力能源碳排放；P_i 为每个工序机器的额定功率；T_{1i} 为第 i 工序机器运行时间；T_{2i} 为第 i 工序机器空转时间；0.75 和 0.2 分别为机器加工运行时的能耗系数和机器空转时的能耗系数（依据经验值）；EF_i 为电力的碳排放因子。$1m^3$ 竹重组地板加工过程碳排放计算结果见表 13.3a 和表 13.3b。

表13.3a　竹重组地板（户外）加工过程碳排放（C_2）

Tab.13.3a　The carbon emission of reconstituted bamboo floor（outdoors）in process（C_2）

序号	工序	机器功率 /（kW/h）	机器加工运行时间 /s	机器空转时间 /s	碳转移率 /%	生产每块地板电力能耗 /（kW · h）	生产 1 块地板 CO_2 排放当量 /kg	生产 $1m^3$ 地板 CO_2 排放当量 /kg	所占比例 /%
1	截断	4.5	4	10	100.00	0.0208	0.0174	3.4203	2.38
2	开片	4.0	4	4	100.00	0.0141	0.0118	2.3106	1.61
3	分片	6.3	20	10	90.24	0.0992	0.0830	16.2807	11.34
4	疏解	9.6	20	10	80.87	0.1511	0.1264	24.8086	17.28
5	烘干	3.0	259，200	0	100.00	0.0093	0.0078	1.5285	1.06
6	碳化	1.5	46，800	0	100.00	0.0010	0.0008	0.1651	0.12
7	浸胶				100.00		0.0000	0.0000	0.00
8	二次烘干	3.0	12，600		100.00	0.0005	0.0004	0.0874	0.06
9	压制	31.8	80	60	100.00	0.2120	0.1774	34.8050	24.24
10	分片	52.0	50	60	96.28	0.1192	0.0997	19.5642	13.63
11	光刨	22.5	10	3	96.04	0.0506	0.0424	8.3113	5.79
12	砂光	37.0	50	30	96.69	0.0894	0.0748	14.6800	10.23
13	开槽	10.0	6	3	92.67	0.0142	0.0119	2.3258	1.62
14	砂光	38.0	50	30	97.47	0.0918	0.0768	15.0767	10.50
15	油漆	1.5	3	3	100.00	0.0012	0.0010	0.1950	0.14
合计						0.8744	0.7316	143.5591	100.00

注：碳排放因子为 0.8367kg/(kW · h)

Note：the carbon emission factor is 0.8367kg/(kW · h)

表13.3b　竹重组地板（室内）加工过程碳排放（C_2）

Tab.13.3b　The carbon emission of reconstituted bamboo floor（indoors）in process（C_2）

序号	工序	机器功率 /（kW/h）	机器加工运行时间 /s	机器空转时间 /s	碳转移率 /%	生产每块地板电力能耗 /（kW · h）	生产 1 块地板 CO_2 排放当量 /kg	生产 $1m^3$ 地板 CO_2 排放当量 /kg	所占比例 /%
1	截断	4.50	4	10	100.00	0.0057	0.0048	2.9382	1.88
2	开片	4.00	4	4	100.00	0.0038	0.0032	1.9849	1.27
3	分片	6.30	20	10	90.24	0.0270	0.0226	13.9859	8.94
4	疏解	9.60	20	10	80.87	0.0412	0.0345	21.3119	13.63
5	烘干	3.00	259，200		100.00	0.0093	0.0078	4.8146	3.08
6	碳化	1.50	46，800		100.00	0.0010	0.0008	0.5200	0.33
7	浸胶				100.00		0.0000	0.0000	0.00
8	二次烘干	3.00	12，600		100.00	0.0005	0.0004	0.2752	0.18
9	压制	20.00	80	60	100.00	0.0500	0.0418	25.8563	16.53
10	分片	52.00	50	80	96.28	0.0386	0.0323	19.9812	12.78
11	光刨	22.50	8.72	2	96.04	0.0217	0.0181	11.2152	7.17

续表

序号	工序	机器功率 /（kW/h）	机器加工运行时间 /s	机器空转时间 /s	碳转移率 /%	生产每块地板电力能耗 /（kW · h）	生产 1 块地板 CO_2 排放当量 /kg	生产 $1m^3$ 地板 CO_2 排放当量 /kg	所占比例 /%
12	砂光	37.00	30	10	96.69	0.0252	0.0211	13.0215	8.33
13	四面刨	43.05	20	10	93.60	0.0407	0.0340	21.0255	13.45
14	粗砂	7.60	60	30	97.10	0.0108	0.0090	5.5677	3.56
15	腻子修补				100.00	0.0000	0.0000	0.0000	0.00
16	启口	10.00	5	2	93.96	0.0115	0.0096	5.9613	3.81
17	封漆	1.50	20	10	100.00	0.0007	0.0006	0.3663	0.23
18	精砂	11.50	50	30	99.48	0.0139	0.0116	7.1859	4.60
19	油漆	1.50	20	10	100.00	0.0007	0.0006	0.3663	0.23
合计						0.3024	0.2530	156.3779	100.00

注：碳排放因子为 0.8367kg/(kW · h)

Note：the carbon emission factor is 0.8367kg/(kW · h)

从表 13.3a 可见，竹重组地板加工工艺流程中涉及使用电力能源的有十多个工艺环节。加工过程碳排放选择用最终的一块成品地板的规格进行推算。每块竹重组地板由竹黄疏解片浸胶烘干压制后分片而成，在计算加工过程碳排放时，在截断、开片、分片和疏解 4 个过程中测试加工的时间，用质量推算一块户外竹重组地板需要的竹段数量。测试 10 段竹材加工的时间进行平均获得加工时间和机器空转时间。后面的加工工序则根据最终规格的竹重组地板数量进行层层递推，计算出一块竹重组地板的能耗和碳排放；然后根据规格和重量，计算生产 $1m^3$ 竹地板所需竹材干重和电力能耗及碳排放。

本研究选择的户外竹重组地板的规格是 1860mm×137mm×20mm，重量为 5.134kg，含水率为 12%，干重为 4.518kg，$1m^3$ 的竹重组地板有 196.22 块，干重 886.492kg。生产 $1m^3$ 户外竹重组地板的加工过程碳排放为 143.5591kg，其中第一次竹材分片为 16.2801kg，占 11.34%；疏解为 24.8086kg，占 17.28%；压制为 34.8050kg，占 24.24%；压制后的分片为 19.5642kg，占 13.63%；二次砂光共 39.7567kg，占 20.73%。

本研究选择的室内竹重组地板规格是 910mm×127mm×14mm，重量为 1.342kg，含水率为 12%，干重为 1.181kg，$1m^3$ 的竹重组地板有 618.155 块，干重 729.898kg。生产 $1m^3$ 室内竹重组地板的加工过程碳排放为 156.3779kg，其中分片为 13.9859kg，占 8.94%；疏解为 21.3119kg，占 13.63%；压制为 25.8563kg，占 16.53%；压制后的分片为 19.9812kg，占 12.78%；砂光为 13.0215kg，占 8.33%；四面刨 21.0255kg，占 13.45%。

13.5.3 附加物隐含碳排放计测

竹重组地板加工过程中需添加胶黏剂、油漆，包装时需用纸箱等。附加物的隐含碳排放计算公式如下：

$$C_3 = \sum_{i}^{n} P_i \times \text{EF}_i \tag{13.3}$$

式中，C_3 为竹重组地板附加物隐含碳排放；P_i 为竹重组地板附加物消耗量；EF_i 为电力的碳排放因子；i 为各排放源。1m^3 竹重组地板（户外和室内）附加物隐含碳排放计算结果见表 13.4a 和表 13.4b。

表13.4a 竹重组地板（户外）附加物碳排放（C_3）

Tab.13.4a The carbon emission of reconstituted bamboo floor（outdoors）in addendum（C_3）

序号	工序	附加物	碳排放因子 /（kg/kg）	生产 1kg 地板附加物使用量 /kg	生产 1m^3 地板附加物使用量 /kg	生产 1kg 地板 CO_2 排放当量 /kg	生产 1m^3 地板 CO_2 排放当量 /kg	所占比例 /%
1	涂胶	胶黏剂	0.6	0.1073	108.0650	0.0642	64.8390	82.77
2	封漆、油漆	油漆	0.6	0.0010	0.9810	0.0006	0.5886	0.75
3	包装	纸箱	0.9	0.0142	14.3401	0.0126	12.9060	16.48
合计						0.0774	78.3336	100.00

表13.4b 竹重组地板（室内）附加物碳排放（C_3）

Tab.13.4b The carbon emission of reconstituted bamboo floor（indoors）in addendum（C_3）

序号	工序	附加物	碳排放因子 /（kg/kg）	生产 1kg 地板附加物使用量 /kg	生产 1m^3 地板附加物使用量 /kg	生产 1kg 地板 CO_2 排放当量 /kg	生产 1m^3 地板 CO_2 排放当量 /kg	所占比例 /%
1	涂胶	胶黏剂	0.6	0.1141	94.6040	0.0684	56.7624	77.62
2	封漆、油漆	油漆	0.6	0.0028	2.2993	0.0018	1.3794	1.89
3	包装	纸箱	0.9	0.0201	16.6471	0.0180	14.9823	20.49
合计						0.0882	73.1241	100.00

研究表明：生产 1m^3 户外竹重组地板附加物碳排放为 78.3336kg，其中胶黏剂为 64.8390kg，占 82.77%；包装纸箱为 12.9060kg，占 16.48%。室内竹重组地板附加物碳排放为 73.1241kg，其中胶黏剂为 56.7624kg，占 77.62%；包装纸箱为 14.9823kg，占 20.49%。附加物隐含碳排放的主要影响因素是附加物的使用量和碳排放因子。其中胶黏剂和包装纸箱使用量每千克竹重组地板户外为 0.1073kg 和 0.0142kg，室内为 0.1141kg 和 0.0201kg，表明重组竹对胶黏剂的使用量比较大，而油漆使用量较少，它们的隐含碳排放所占比例很小。

13.5.4 竹废料燃烧的生物质能源碳排放计测

在竹重组地板碳足迹调查过程中发现，企业利用竹地板生产中的一些竹废料如竹废条、竹废料等作为锅炉、蒸汽等的能源使用，竹废料燃烧产生了部分二氧化碳的排放。但根据 PAS 2050《产品碳足迹评估规范》，由于竹子在生长过程吸收了二氧化碳，此类燃烧排放只是把生长中所吸收的二氧化碳返回，在评估中需测算竹废料燃烧的碳排放量，但并不计入竹地板碳足迹评估范围。

竹废料燃烧的碳排放公式为

$$C_4=P_i\times 0.2\times 0.6\times 0.7\times K\times 44/12 \tag{13.4}$$

式中，C_4 为竹地板生产过程中废料用于锅炉燃烧产生的 CO_2 排放当量；P_i 为竹废料干重；K 为含碳率；0.2 为竹废料用于燃烧的比例；0.6 为竹废料锅炉燃烧效率；0.7 为用于竹地板加工的热能系数；44/12 为 CO_2 和 C 比。因此，生产 $1m^3$ 竹重组地板的竹废料燃烧产生的 CO_2 当量为

C_4（户外）= 617.7179×0.2×0.6×0.7×0.5042×44/12= 95.9276kg

C_4（室内）= 586.9387×0.2×0.6×0.7×0.5042×44/12= 91.1478kg

此数据仅为了解用，不计入碳足迹评估范围。

13.5.5 竹重组地板中储存的碳储量计测

毛竹加工生产成竹地板过程中将竹林碳汇转移到竹地板碳库中。根据 PAS 2050 规范，当产品包含生物碳并保留一年以上时，碳储存的影响将以加权平均的形式、以负的二氧化碳当量值纳入产品生命周期内 GHG 排放评价，竹重组地板符合这类特征。其中竹重组地板储存的碳储量、使用寿命构成了碳储存影响的关键部分。竹重组地板的碳储存根据竹地板中转移固定的碳储量乘上加权系数（以竹材产品理论寿命计）进行计算，具体计算公式如下：

$$C_5=\frac{M\times 0.76\times T_0}{100} \tag{13.5}$$

式中：C_5 为竹重组地板理论寿命内储存的碳储量效益；M 为 $1m^3$ 竹重组地板储存的 CO_2 当量；T_0 为某个产品形成后，其全部碳储存效益存在的年数；$(0.76\times T_0)/100$ 为碳储存的加权系数（此加权系数适用于其全部碳储存效益存续 2～25 年，此后没有碳储存效益）。

根据第一部分“竹材产品碳储量研究”中的数据计算可得 $1m^3$ 竹重组地板的干重为 866.4924kg（户外）和 729.8978kg（室内），再分别乘以竹材含碳率 0.5042，得到 $1m^3$ 竹重组地板的碳储量，再转化为二氧化碳当量。

M（户外）=886.4924×0.5042×44/12=1638.8880kg

M（室内）=729.8978×0.5042×44/12=1349.3864kg

以竹重组地板理论寿命 20 年计，碳储存效益为

$$C_5（户外）= \frac{1638.8881 \times 0.76 \times 20}{100} = 249.1110\text{kg}$$

$$C_5（室内）= \frac{1349.3864 \times 0.76 \times 20}{100} = 205.1067\text{kg}$$

13.5.6 竹重组地板碳足迹评估

$$C = \sum_{i}^{n} C_i - C_5 \tag{13.6}$$

式中，C 为竹重组地板碳足迹；i 为各排放源；C_i 为每个排放源单位质量或体积二氧化碳排放当量；C_5 为竹重组地板的碳储存效益。1m³ 竹重组地板的碳足迹为

C（户外）$=C_1+C_2+C_3-C_5=31.0445+143.5591+78.3336-249.1110=3.8262$kg

C（室内）$=C_1+C_2+C_3-C_5=27.1895+156.3779+73.1241-205.1067=51.5848$kg

13.5.7 竹重组地板碳足迹的构成分析

竹重组地板碳排放分为三类：运输过程化石能源排放，加工过程电力能源排放，附加物隐含碳排放。其中加工过程电力能源碳排放最大，生产 1m³ 竹重组地板（户外）加工过程电力能源碳排放为 143.5591kg，占 56.76%；运输过程化石能源碳排放为 31.0445kg，占 12.27%；附加物隐含碳排放为 78.3336kg，占 30.97%（图 13.3a）。

生产 1m³ 竹重组地板（室内）加工过程电力能源碳排放为 156.3779kg，占 60.92%；运输过程化石能源碳排放为 27.1895kg，占 10.59%；附加物隐含碳排放为 73.1241kg，占 28.49%（图 13.3b）。

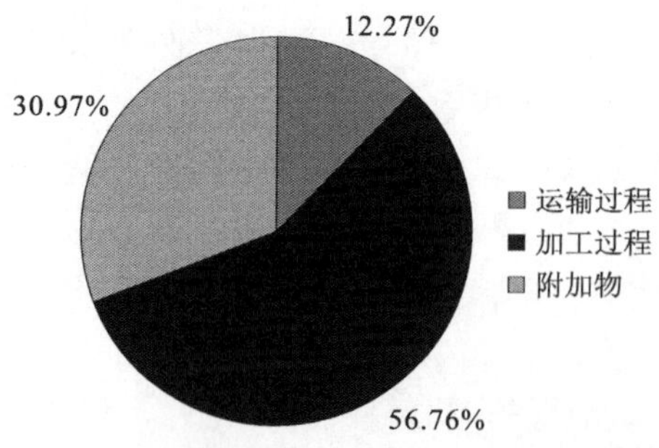

图13.3a 竹重组地板（户外）碳排放构成

Fig.13.3a From of carbon emission for the reconstituted bamboo floor（outdoors）

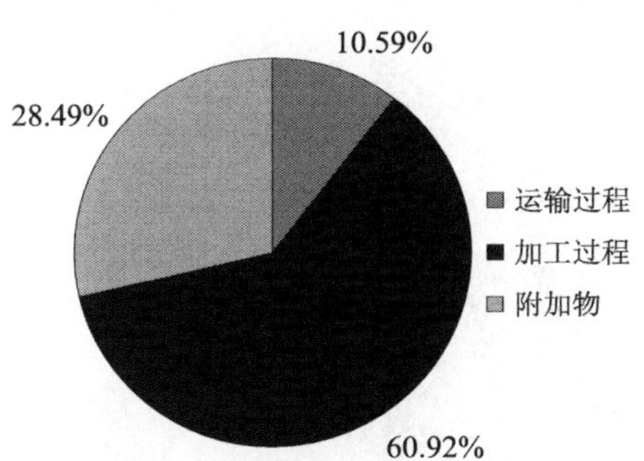

图 13.3b　竹重组地板（室内）碳排放构成

Fig.13.3b　From of carbon emission for the reconstituted bamboo floor（indoors）

考虑到竹重组地板自身生物碳储存效益起到了延缓碳排放作用，因此最终的碳足迹就由上述 4 部分组成，最大的是自身碳储存效益，竹重组地板户外和室内分别为 249.1110kg 和 205.1067kg，其次是加工过程电力能源碳排放、附加物隐含碳排放和运输过程化石能源碳排放（竹重组地板户外和室内见图 13.4a 和图 13.4b）。

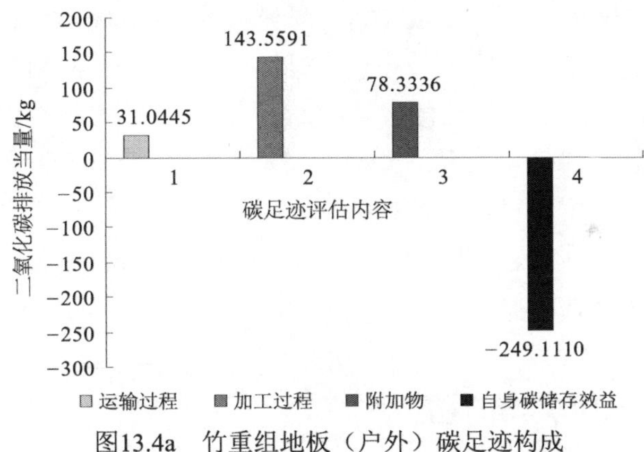

图13.4a　竹重组地板（户外）碳足迹构成

Fig.13.4a　From of carbon footprint for the reconstituted bamboo floor（outdoors）

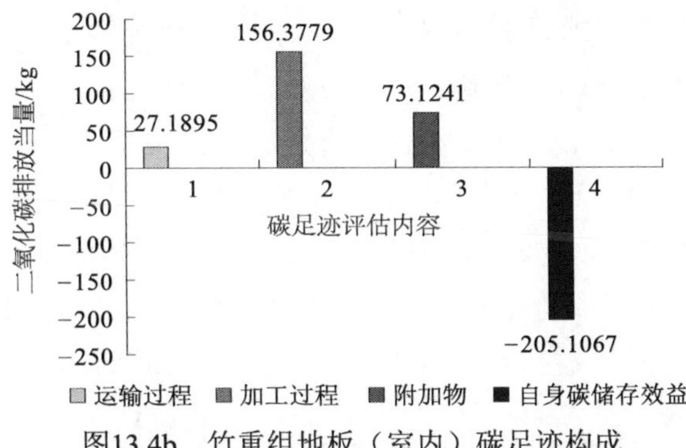

图13.4b　竹重组地板（室内）碳足迹构成

Fig. 13.4b　From of carbon footprint for the reconstituted bamboo floor（indoors）

14 竹刨切片碳足迹评估

竹刨切技术是原竹经过集成技术加工成为集成方料再进行刨切。竹刨切后具有特殊的纹理和清新自然、真实淡雅的质感，深受国内外用户的青睐。其性能与珍贵硬阔叶材相近，适宜作贴面装饰材料，是珍贵硬阔叶材理想的替代材料，可广泛用作家具、地板等的装饰装修材料。目前，竹刨切片在生产过程中采用无纺布（纸）增强处理，拼宽、接长成大幅面，实现了竹刨切的工业化规模生产。毛竹刨切片长度可达到2745mm，宽度可达1250mm，厚度0.3～2mm都可生产。竹刨切片附背衬，分色并且无厚度差，运用前景广阔。

本章以浙江大庄实业集团总部及福建建阳竹集成板材加工厂生产的竹刨切片为例进行碳足迹评估。

14.1 功能单位确定

竹刨切片在最终销售时通常是以一定尺寸规格的数量作为计量单位的，生产厂家通常是以面积或体积为单位的。原竹在运输和加工过程中因为其本身的特性采用重量计量比较准确。为了更加精确地计测生产中的碳排放和碳转移，本研究调查中将以质量为计量功能单位，最后将结合产品常用规格2500mm×450mm×0.6mm评估1m^3竹刨切片产品的碳足迹。

竹刨切板由长×宽为2600mm×21mm，厚度为6.0mm、6.5mm、7.0mm、7.5mm和8.0mm等规格的竹精刨条胶黏压制而成。本研究为简化计算以7.0mm厚精刨条为原料。竹集成材板的规格为2550mm×460mm×400mm，由一层22片共57层胶黏而成，共1254条竹精刨条。一块竹集成板材可刨切620片，竹刨切片合格率为78%，合格品为484片。

14.2 过程图绘制

通过与浙江大庄实业集团有限公司专业技术人员的交流及进行实地调查，了解了产品的加工程序和材料单，确定了物质的输入、制造和运输等过程，绘制了竹刨切片碳足迹过程图（图14.1）。

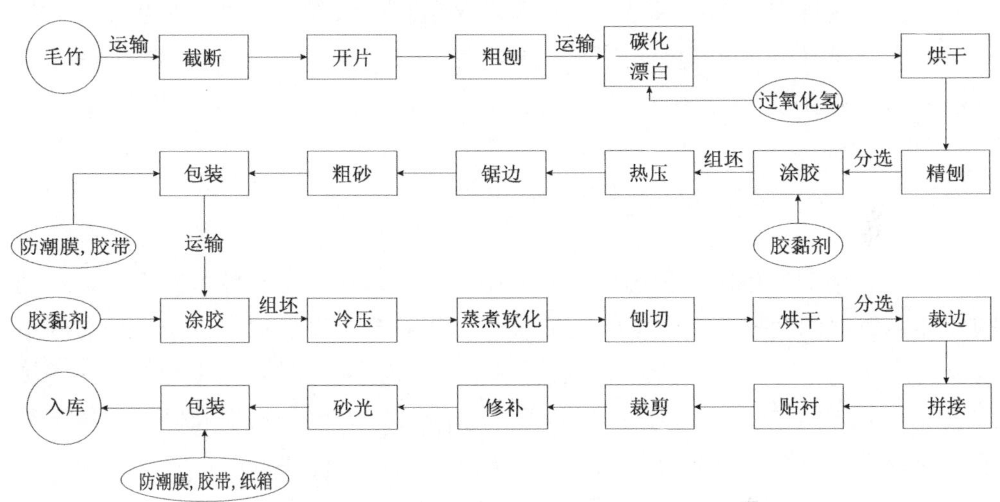

图14.1 竹刨切片碳足迹过程图

Fig.14.1 Production process of bamboo sliced veneer

14.3 确定边界和优先事项

在本研究中，竹刨切片碳足迹评估边界为原材料运输、产品生产、成品入库整个过程的碳排放。包括：①原材料及附加物，包括毛竹原竹，附加物胶黏剂等；②运输过程，包括从原竹和竹集成板材的运输，附加物胶黏剂和包装纸箱等的运输；③竹刨切片制造，包括原竹到粗刨条、竹集成板材，再到竹刨切片整个过程。

原材料及附加物：本研究假定毛竹自然生产，人工砍伐，不考虑毛竹竹杆的碳排放。附加物中胶黏剂和包装纸箱量较多，系统选取可靠的、具有代表性的胶黏剂和包装纸箱作为隐含的碳排放数据，而包装用到的防水膜和胶布用量则因为太少不予考虑（小于1%）。

运输过程：系统优先考虑运输量大和运输距离较长的环节，特别关注原竹从砍伐地到福建建阳竹集成板材加工厂和福建建阳生产的竹集成板材到浙江萧山的大庄实业集团总部的运输过程。其次是附加物如胶黏剂和包装纸箱等的运输。虽然包装的防水膜等的运输过程会对总体碳足迹有一定影响，但所占比值较小，故将这些材料的运输过程排除在系统外。

加工过程：通过对竹刨切片加工过程考察，进一步确定数据收集的优先秩序，尤以碳排放较大的生产工艺，如粗刨、精刨、刨切等过程为优先事项考虑，从而在实质性调查过程中通过增加样本数据确保结果的可靠性。在初步评估后提出加工过程中三个步骤可能是非实质性的：分选，截边、入库。这些步骤是人为操作或产品放置无实质性温室气体排放，故这些过程排除在系统之外。

14.4 数据收集和调查方法

针对竹刨切片生产过程的所有排放源收集初级活动水平数据和生产过程的碳转移率数据，并把上述数据归为能源流、物质流和碳储存，包括运输过程中消耗的柴油和石油等化石能源（直接排放），加工过程中消耗的电力能源（间接排放），竹废料燃烧消耗的生物质能源（直接排放），附加物中胶黏剂和包装纸箱等物质流（隐性排放）（图 14.2，表 14.1），以及转移储存在竹刨切片的碳储量 5 个部分。在此基础上，开始相关数据的收集。

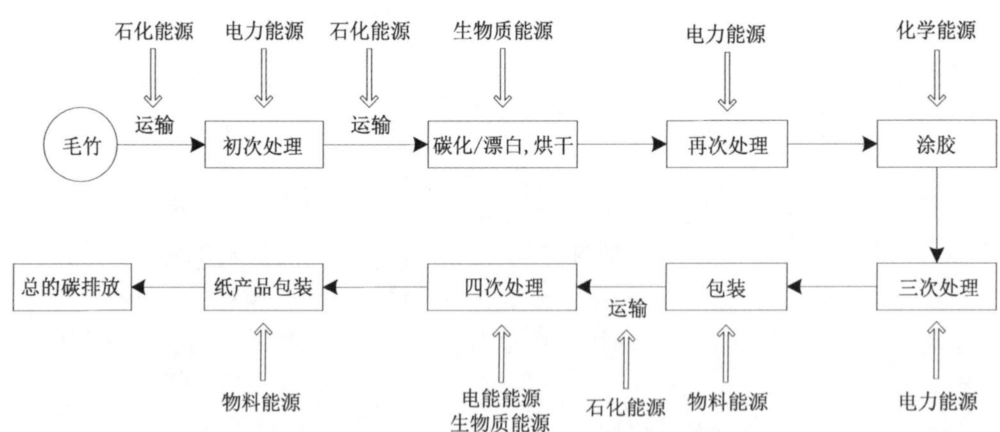

图14.2 竹刨切片生产过程碳排放源

Fig.14.2 The carbon emission sources of bamboo sliced veneer during manufacturing process

表14.1 竹刨切片碳足迹核算数据来源
Tab.14.1 Data sources of assessing carbon footprint for bamboo sliced veneer

序号	数据类型	对象	基础数据	数据来源
1	化石能源	运输过程中使用的汽油、柴油	单位重量百公里油耗，运输量，运输距离，汽油和柴油碳排放因子	大庄公司提供运输量、单位重量百公里数油耗，汽油和柴油碳排放因子（引用 IPCC 报告）
2	电能能源	加工过程中机器消耗的电能	机器额定功率，机器加工运行和空转时间，电力排放系数	实测每步单位质量机器运行时间和空转时间及功率，电力碳排放因子（国家发改委华东电网）用 2011 年中国区域电网基准线排放因子（国家发展改革委气候司，2011）
3	附加物隐含碳	加工过程添加的胶黏剂、油漆，包装使用的纸箱等	附加物的量和碳排放因子	实测 $1m^3$ 竹刨切片附加物的使用量，通过实际调查获得胶黏剂、包装箱碳排放因子（引用 IPCC 报告）
4	生物质能源	竹材加工过程中产生的竹废料燃料	碳转移率，含碳率，竹废料燃烧比例，锅炉的燃烧效率，用于竹砧板生产的比例	通过竹刨切加工过程利用率计算竹废料量，竹废料燃烧比例通过调查获得，锅炉的燃烧效率根据经验值获得，竹材含碳率（周国模，2006）
5	生物碳储量	竹刨切片转移储存的碳储量	生产过程碳转移率，竹板材干重，含碳率	实测 $1m^3$ 竹刨切片的碳储量，竹材含碳率（周国模，2006）

14.4.1 加工过程数据收集

竹刨切片从毛竹原竹到成品加工工艺复杂，涉及碳排放的就有二十多个工序，每道工序用不同的机器进行加工。碳排放利用机器功率乘以每工序加工过程的完成时间及机器空转时间进行计算。数据通过在大庄公司进行实测获得，每次 10 个样本，3 次重复。

14.4.2 运输过程数据收集

竹刨切片生产中涉及的运输有：毛竹原材料、粗刨条、竹集成板材及胶黏剂等主要附加物的运输，其中主要是毛竹原竹运输、粗刨条的运输和竹集成板材运输这三部分。福建建阳各竹材加工点将原竹从砍伐地采购运输到加工点后进行前期粗刨条的加工，原竹主要来自福建建阳、建瓯、邵武、武夷山等地，福建建阳竹集成板材加工厂从建阳及周边县市收购粗刨条并进一步加工成竹集成板材这两个过程中运输距离差别大，导致碳排放的不确定性较大。竹集成板材从福建建阳竹集成板材加工厂运往浙江萧山的大庄实业集团总部进一步加工，这个过程中距离是确定的，因此这部分运输排放计算结果比较可靠。所有的运输数据来源于大庄公司一年的运输报表数据。

14.4.3 附加物数据收集

竹刨切片生产附加物主要用到胶黏剂和包装纸箱等，这个过程中未使用到油漆。附加物使用量可通过实际抽样调查加工或包装前后的重量进行计算。它们的二氧化碳排放当量可通过选择 IPCC 碳排放因子数据库、权威杂志、同行公开发表的文献中相同或相近的碳排放因子进行计算。

14.5 竹刨切片的碳足迹评估

竹刨切片碳足迹评估是计测从伐后原竹运输、竹刨切加工到产品入库过程中所有排放源的二氧化碳排放当量减去竹刨切片中转移的碳储量。其中二氧化碳排放当量是生产过程中所有材料、能源耗量的初级活动水平数据乘以其排放因子之和。

14.5.1 运输过程化石能源碳排放计测

运输过程中化石能源产生直接碳排放，包括伐后毛竹、粗刨条、竹集成板材及胶黏剂等的运输，主要是柴油、汽油能源燃烧的直接排放。

运输过程化石能源碳排放的计算公式可表示为

$$C_1 = \sum_{i}^{n} P_i \times M_i \times D_i \times \mathrm{EF}_i \qquad (14.1)$$

式中，C_1 为运输过程化石能源碳排放；i 为各排放源；n 为项数；P_i 为单位质量能源百公里能耗量；M_i 为运输的产品质量；D_i 为运输距离；EF_i 为能源碳排放因子。$1\mathrm{m}^3$ 竹刨切片运输过程碳排放计算结果见表 14.2。

表14.2 竹刨切片运输过程碳排放（C_1）

Tab.14.2 The carbon emission of bamboo sliced veneer in transport（C_1）

序号	运输材料	能源类型	能耗 /[L/（T·100 km）]	运输距离 / km	运输重量 /（kg/m^3 成品）	碳排放因子 /（kg/L）	CO_2 排放当量 /kg	所占比例 /%
1	毛竹原竹	柴油	1.5	40	4879.04	2.63	7.6991	20.76
2	粗刨竹条	柴油	1.5	20	2683.47	2.63	2.1173	5.71
3	竹集成板材	柴油	1.5	600	1139.61	2.63	26.9747	72.73
4	胶黏剂	汽油	2.0	200	31.65	2.30	0.2912	0.79
5	包装材料	汽油	2.0	15	12.45	2.30	0.0086	0.02
合计							37.0909	100.00

从表 14.2 可知，生产 $1\mathrm{m}^3$ 竹刨切片产生的运输碳排放为 37.0909kg CO_2 当量，其中伐后毛竹原竹为 7.6991kg，占 20.76%；粗刨竹条从加工点运输到福建建阳竹集成板材加工厂碳排放量为 2.1173kg，占 5.71%；竹集成板材为 26.9747kg，占 72.73%。

在运输过程中碳排放的主要影响因素是运输量和运输距离。毛竹原竹从产地福建建阳周边运到竹粗刨条加工点，再将粗刨竹条运输到福建建阳竹集成板

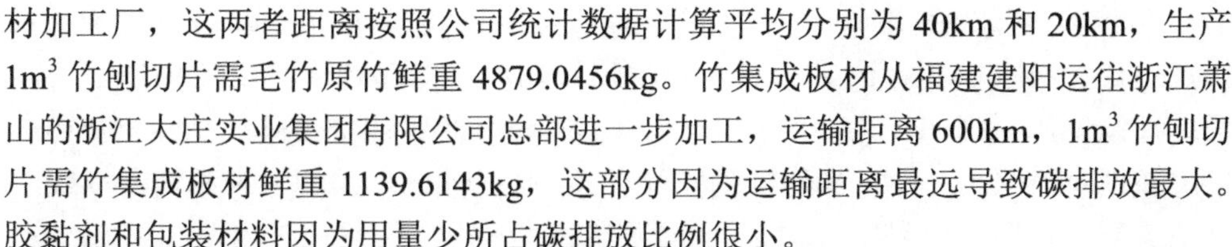

材加工厂，这两者距离按照公司统计数据计算平均分别为40km和20km，生产1m³竹刨切片需毛竹原竹鲜重4879.0456kg。竹集成板材从福建建阳运往浙江萧山的浙江大庄实业集团有限公司总部进一步加工，运输距离600km，1m³竹刨切片需竹集成板材鲜重1139.6143kg，这部分因为运输距离最远导致碳排放最大。胶黏剂和包装材料因为用量少所占碳排放比例很小。

14.5.2　加工过程电力能源碳排放计测

竹刨切片加工过程电力能源碳排放是以各工序机器功率乘以各工序的完成时间及机器空转时间进行计算的，公式如下：

$$C_2 = \sum_{i}^{n} P_i (0.75T_{1i} + 0.2T_{2i}) \mathrm{EF}_i \tag{14.2}$$

式中，C_2为竹刨切片加工过程电力能源碳排放；P_i为每个工序机器的额定功率；T_{1i}为第i工序机器运行时间；T_{2i}为第i工序机器空转时间；0.75和0.2分别为机器加工运行时的能耗系数和机器空转时的能耗系数（依据经验值）；EF_i为电力的碳排放因子。1m³竹刨切片加工过程碳排放计算结果见表14.3。

表14.3　竹刨切片加工过程碳排放（C_2）

Tab.14.3　The carbon emission of bamboo sliced veneer in process（C_2）

序号	工序	机器功率 /（kW/h）	机器加工运行时间 /s	机器空转时间 /s	碳转移率 /%	生产每片刨切片电力能耗 /（kW · h）	生产1片刨切片CO_2排放当量 /kg	生产1m³刨切片CO_2排放当量 /kg	所占比例 /%
1	截断	4.5	4	10	100.00	0.0016	0.0014	2.0072	0.79
2	开片	5.0	4	4	100.00	0.0014	0.0011	1.6950	0.67
3	粗刨	19.5	50	5	55.00	0.0540	0.0452	66.9747	26.42
4	碳化	2.2	12, 600	0	100.00	0.0021	0.0017	2.5760	1.02
5	烘干	3.0	259, 200	0	100.00	0.0047	0.0039	5.7808	2.28
6	精刨	15.0	45	5	71.54	0.0375	0.0314	46.5009	18.35
7	涂胶	1.5	12	5	100.00	0.0001	0.0001	0.0869	0.03
8	热压	7.7	60	120	100.00	0.0024	0.0020	3.0238	1.19
9	锯边	7.0	15	25	97.12	0.0001	0.0001	0.1295	0.05
10	粗砂	7.6	30	5	96.05	0.0002	0.0001	0.2033	0.08
11	涂胶	1.5	15	5	100.00	0.0000	0.0000	0.0131	0.01
12	压制	20.0	60	60	100.00	0.0007	0.0005	0.8110	0.32
13	刨切	72.0	25	5	78.00	0.0395	0.0330	48.9624	19.32
14	烘干	7.0	190	0	100.00	0.0185	0.0155	22.8973	9.03
15	裁边	5.8	6	5	82.39	0.0018	0.0015	2.1968	0.87
16	拼接	2.0	3	2	100.00	0.0015	0.0012	1.8249	0.72
17	贴衬	3.5	5	7	100.00	0.0050	0.0042	6.2064	2.45
18	裁切	3.5	2	5	100.00	0.0024	0.0020	3.0128	1.19
19	砂光	35.0	20	5	92.85	0.0311	0.0260	38.5640	15.21
20	包装				100.00		0.0000	0.0000	0.00
合计						0.2045	0.1711	253.4668	100.00

从表 14.3 可见，竹刨切片加工工艺流程中涉及使用电力能源的有 19 步。在计算加工过程碳排放时，从一片竹刨切片和刨切前的竹集成材的规格重量开始，推算每片竹刨切片需要的开片、精刨条等数量。分别计算每一步加工时间，层层递推，计算出一块竹刨切片的能耗和碳排放；然后根据规格和重量，计算生产 1m^3 刨切片所需竹材干重和电力能耗及碳排放。

竹刨切片（2500mm×450mm×0.6mm）一片重量为 0.4590kg，含水率为 12%，干重为 0.40392kg。1m^3 的竹刨切片有 1481.4815 片，干重 598.4000kg，所排放的 CO_2 当量为 253.4668kg，其中粗刨为 66.9747kg，占 26.42%；精刨为 46.5009kg，占 18.35%；刨切为 48.9624kg，占 19.32%；刨切后烘干和砂光为 22.8973kg 和 38.5640kg，占 9.03% 和 15.21%。

14.5.3 附加物隐含碳排放计测

竹刨切片加工过程中需添加胶黏剂，包装时需用纸箱等。附加物的隐含碳排放计算公式如下：

$$C_3=\sum_{i}^{n}P_i\times \mathrm{EF}_i \qquad (14.3)$$

式中，C_3 为竹刨切片附加物隐含碳排放；P_i 为竹刨切片附加物消耗量；EF_i 为电力的碳排放因子；i 为各排放源。附加物隐含碳排放的主要影响因素是附加物的使用量和碳排放因子。竹刨切片胶黏剂和包装纸箱使用量每千克为 0.0529kg 和 0.0208kg。防潮纸和胶带等使用量较少，它们的隐含碳排放基本可以忽略不计。1m^3 竹刨切片附加物隐含碳排放计算结果见表 14.4。

表14.4 竹刨切片附加物碳排放（C_3）

Tab.14.4 The carbon emission of bamboo sliced veneer in addendum（C_3）

序号	工序	附加物	碳排放因子 /（kg/kg）	生产 1kg 刨切片附加物使用量 /kg	生产 1m^3 刨切片附加物使用量 /kg	生产 1kg 刨切片 CO_2 排放当量 /kg	生产 1m^3 刨切片 CO_2 排放当量 /kg	所占比例 /%
1	涂胶	胶黏剂	0.6	0.0529	31.6554	0.0317	18.9932	62.90
2	包装	纸箱	0.9	0.0208	12.4467	0.0187	11.2020	37.10
合计						0.0505	30.1953	100.00

结果表明：生产 1m^3 竹刨切片附加物碳排放为 30.1953kg，其中胶黏剂为 18.9932kg，占 62.90%；包装纸箱为 11.2020kg，占 37.10%。

14.5.4 竹废料燃烧的生物质能源碳排放计测

在竹刨切片碳足迹调查过程中发现，企业利用竹地板生产中的一些竹废料如竹废条、竹废料等作为锅炉、蒸汽等的能源使用，竹废料燃烧产生了部分二氧化碳的排放。但根据 PAS 2050《产品碳足迹评估规范》，由于竹子在生长过程吸收了二氧化碳，此类燃烧排放只是把生长中所吸收的二氧化碳返回，在评估中需测算竹废料燃烧的碳排放量，但并不计入竹砧板碳足迹评估范围。

竹废料燃烧的碳排放公式为

$$C_4=P_i\times0.2\times0.6\times0.7\times K\times44/12 \tag{14.4}$$

式中，C_4 为竹刨切片生产过程中废料用于锅炉燃烧产生的 CO_2 排放当量；P_i 为竹废料干重；K 为含碳率；0.2 为竹废料用于燃烧的比例；0.6 为竹废料锅炉燃烧效率；0.7 为用于竹刨切片加工的热能系数；44/12 为 CO_2 和 C 比。因此，生产 1m^3 竹刨切片的竹废料燃烧的 CO_2 排放当量为

C_4= 2133.8655×0.2×0.6×0.7×0.5042×44/12=331.3757kg

此数据仅为了解用，不计入碳足迹评估范围。

14.5.5 竹刨切片中储存的碳储量计测

毛竹加工成竹刨切片过程中将竹林碳汇转移到竹刨切片碳库中。根据 PAS 2050 规范，当产品包含生物碳并保留一年以上时，碳储存的影响将以加权平均的形式、以负的二氧化碳当量值纳入产品生命周期内 GHG 排放评价，竹刨切片符合这类特征。其中竹刨切片储存的碳储量、使用寿命构成了碳储存影响的关键部分。竹刨切片的碳储存根据竹刨切片中转移固定的碳储量乘上加权系数（以竹材产品理论寿命计）进行计算，具体计算公式如下：

$$C_5=\frac{M\times0.76\times T_0}{100} \tag{14.5}$$

式中，C_5 为竹刨切片理论寿命内存储的碳储量效益；M 为 1m^3 竹刨切片储存的 CO_2 当量；T_0 为某个产品形成后，其全部碳储存效益存在的年数；$(0.76\times T_0)/100$ 为碳储存的加权系数（此加权系数适用于其全部碳储存效益存续 2～25 年，此后没有碳储存效益）。

根据第一部分“竹材产品碳储量研究”中的数据计算可得 1m^3 竹刨切片的干重为 598.4kg，再乘以竹材含碳率 0.5042，得到 1m^3 竹刨切片的碳储量，再转化为二氧化碳当量。

M=598.4×0.5042×44/12=1106.2820kg

以竹刨切片理论寿命 20 年计，碳储存效益为

$$C_5=\frac{1106.2820\times0.76\times20}{100}=168.1549\text{kg}$$

14.5.6 竹刨切片碳足迹评估

$$C = \sum_{i}^{n} C_i - C_5 \tag{14.6}$$

式中，C 为竹刨切片碳足迹；i 为各排放源；C_i 为每个排放源单位质量或体积二氧化碳排放当量；C_4 为竹刨切片的碳储存效益。1m^3 竹刨切片的碳足迹为

C=C_1＋C_2＋C_3－C_5=37.0909＋253.4668＋30.1953－168.1549=152.5981kg

14.5.7 竹刨切片碳足迹的构成分析

竹刨切片碳排放分为三类：运输过程化石能源排放，加工过程电力能源排放，附加物隐含碳排放。其中加工过程电力能源碳排放最大。

生产 1m^3 竹刨切片加工过程电力能源碳排放为 253.4668kg，占 79.02%；运输过程化石能源碳排放为 37.0909kg，占 11.56%；附加物隐含碳排放为 30.1953kg，占 9.41%（图 14.3）。

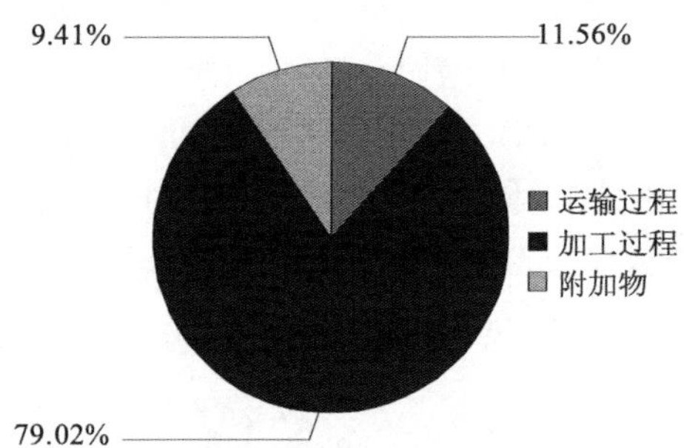

图 14.3 竹刨切片碳排放构成

Fig.14.3 Form of carbon emission for the bamboo sliced veneer

考虑到竹刨切片自身生物碳储存效益起到了延缓碳排放作用，因此最终的碳足迹就由上述 4 部分组成（图 14.4）。

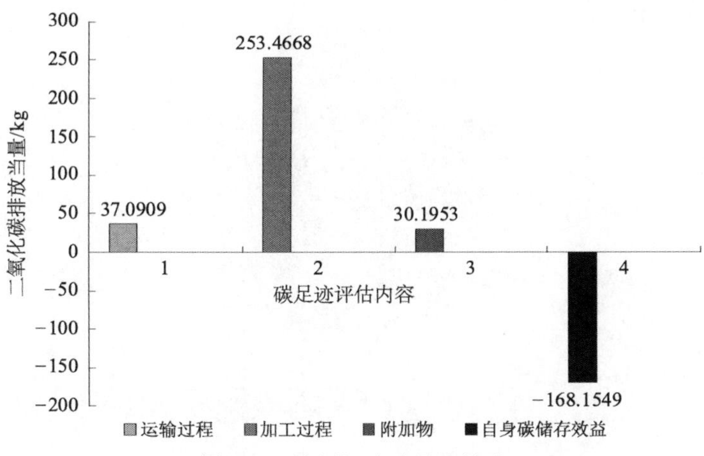

图14.4　竹刨切片碳足迹构成

Fig.14.4　Form of carbon footprint for the bamboo sliced veneer

15 竹拉丝产品碳足迹评估

竹拉丝是指原竹断料后经拉丝机拉成不同规格竹丝的过程。按形状可分圆形条状，或片状；按竹材部位来分有竹黄丝和竹青丝，竹黄丝为竹内层丝，较脆，竹青丝为外层丝，硬度高，韧性好。竹丝经过编织可生产竹席、竹帘和竹地毯、竹餐垫等竹材产品。随着现代竹加工工艺的创新发展，竹拉丝产品依靠本身所固有的竹面光滑细腻、健康、环保、舒适、温馨等优点，根据不同的用途已发展成千上百种产品，来满足了人们日常的不同要求。竹拉丝产品是现代竹材加工的重要类型，其生产量仅次于竹板材类产品。

本研究选择了竹窗帘、竹地毯、竹凉席 3 种最具有代表性的竹拉丝产品类型进行碳足迹评估。竹席和竹窗帘较为人们所熟悉，竹地毯是近年来新开发的竹产品，竹地毯为 4 层结构，表面竹丝、纱布固定、海绵加防滑底。竹窗帘和竹地毯常规尺寸：宽度在 500～1800mm，长度定制。竹地毯常规尺寸：900mm×1800mm；1500mm×1800mm；1800 mm×1800mm；1800mm×2400mm。

本章以浙江安吉福浪莱工艺品有限公司生产的竹窗帘、竹地毯、竹凉席为例进行碳足迹评估。

15.1 功能单位确定

报告评估 1m^3 竹拉丝产品的碳足迹。竹地毯和竹窗帘在最终销售时通常是以平方米为计量单位的，竹凉席是以不同长宽尺寸的件为计量单位的。每一件竹拉丝产品有不同长、宽、厚规格。毛竹原竹以质量为计量功能单位，竹拉丝是以不同长、宽、厚规格的竹丝数量作为计量功能单位。在计量竹拉丝产品碳足迹过程中，需要体积和质量进行对应的换算。

影响竹产品碳足迹的因素很多，其中竹丝的规格是重要的因素。调查中发现竹拉丝有竹青丝、竹黄丝，有长、有短，有扁、有圆等不同特性和规格，因此竹拉丝规格对竹拉丝产品生产过程碳排放和碳转移有较大的影响。本研究选择了竹拉丝最常规规格进行碳足迹分析，3 种竹拉丝产品的长 × 宽规格为 1800mm×1500mm。生产竹窗帘的竹丝规格为 1600mm×3.5mm×1.5mm，生产竹地毯的竹丝规格为 1600mm×2.5mm×2.5mm，生产竹凉席的竹丝规格为 1600mm×4.5mm×2.0mm。

15.2　过程图绘制

通过与浙江安吉福浪莱工艺品有限公司专业技术人员的交流及进行实地调查，了解了产品的加工程序和材料清单，确定了物质的输入、制造和运输等过程，绘制了竹拉丝产品碳足迹过程图（图 15.1）。其中原竹从截断、开片、拉丝、烘干到编织等前期加工过程是竹拉丝产品前道工序，竹窗帘、竹地毯和竹凉席 3 种产品后道加加工工序根据产品自身特性分类进行。

15.3　确定边界和优先事项

在本研究中，竹拉丝产品碳足迹评估边界为原材料运输、产品生产、成品入库整个过程的碳排放。包括：①原材料及附加物，包括毛竹原竹，附加物胶黏剂和线等；②运输过程，包括原竹和竹拉丝的运输，附加物胶黏剂和包装纸箱等的运输；③竹拉丝产品制造，包括从原竹到竹拉丝，再到竹拉丝产品生产整个过程。

原材料及附加物：3 种竹拉丝产品原材料都为自然生产、人工砍伐的毛竹。竹窗帘的附加物主要是线、包边布、滑轮和包装纸箱；竹地毯的附加物主要是线、胶黏剂、海绵和包装纸箱；竹凉席的附加物主要是线、胶黏剂、包边布和包装纸箱。根据 IPCC 报告选取可靠的、具有代表性的胶黏剂和包装纸箱作为隐含的碳排放数据。蜡的使用量占竹拉丝比例极少，因此对这些数据的收集应给予次要地位，而包装用到的防水膜和胶布用量则因为太少不予考虑（小于 1%）。

运输过程：系统优先考虑运输量大和运输距离较长的环节，特别关注原竹从砍伐地到竹丝加工厂和竹丝从加工厂到安吉福浪莱工艺品有限公司的运输过程。其次是附加物如胶黏剂、油漆和包装纸箱等的运输。虽然油漆、蜡和包装用的防水膜等的运输过程会对总体碳足迹有一定影响，但所占比值较小，故将这些材料的运输过程排除在系统外。

加工过程：通过对竹拉丝产品加工过程考察，进一步确定数据收集的优先秩序，尤以碳排放较大的生产工艺，如拉丝、编织、热压等过程为优先事项考虑，从而在实质性调查过程中通过增加样本数据确保结果的可靠性。在初步评估后提出加工过程中三个步骤可能是非实质性的：分选、检验、入库。这些步骤是人为操作或产品放置无实质性温室气体排放，故这些过程排除在系统之外。

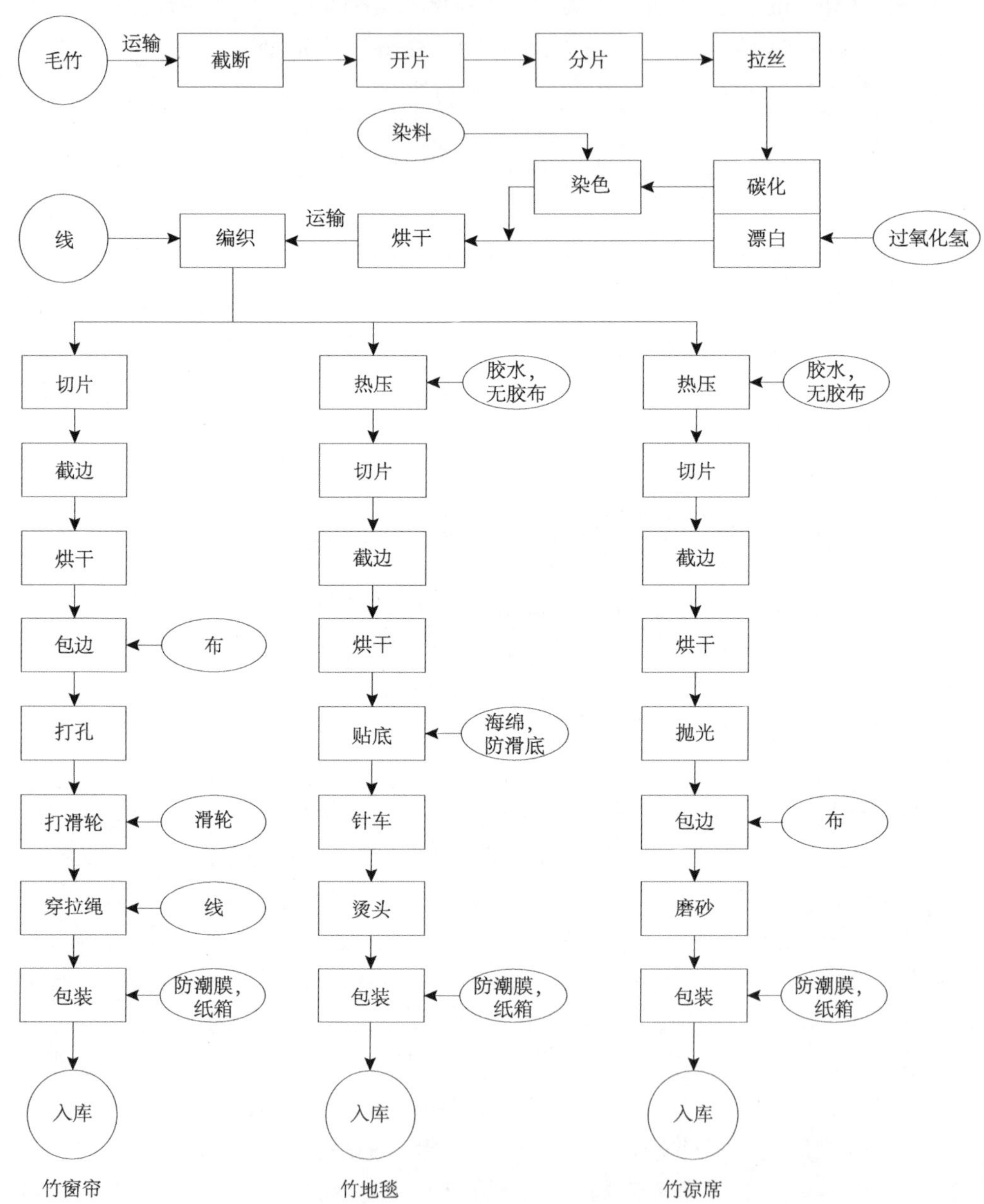

图15.1　竹拉丝产品碳足迹过程图

Fig.15.1　Production process of bamboo filar products

15.4　数据收集和调查方法

针对竹拉丝产品生产过程的所有排放源收集初级活动水平数据和生产过程的碳转移率数据，并把上述数据归为能源流、物质流和碳储存，包括运输过程中消耗的柴油和石油等化石能源（直接排放），加工过程中消耗的电力能源（间接排放），竹废料燃烧消耗的生物质能源（直接排放），附加物中线、胶黏剂和装纸箱等物质流（隐性排放）（图 15.2，表 15.1），以及转移储存在竹拉丝产品的碳储量 5 个部分。在此基础上，开始相关数据的收集。

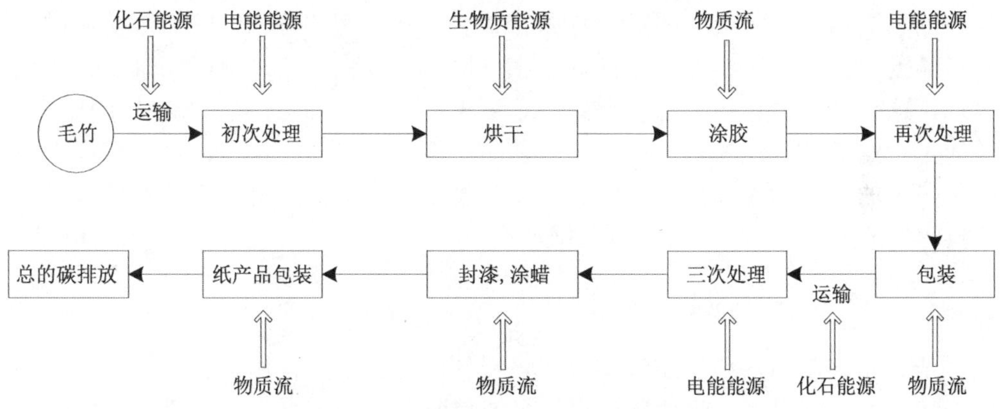

图15.2　竹拉丝产品生产过程碳排放源

Fig.15.2　The carbon emission sources of bamboo filar products during manufacturing process

表15.1　竹拉丝产品碳足迹核算数据来源

Tab.15.1　Data sources of assessing carbon footprint for bamboo filar products

序号	数据类型	对象	基础数据	数据来源
1	化石能源	运输过程中使用的汽油、柴油	单位重量百公里油耗，运输量，运输距离，汽油和柴油碳排放因子	竹拉丝产品生产企业提供运输量、单位重量百公里数油耗，汽油和柴油碳排放因子（引用 IPCC 报告）
2	电能能源	加工过程中机器消耗的电能	机器额定功率，机器加工运行和空转时间，电力排放系数	实测每步单位质量机器运行时间和空转时间及功率，电力碳排放因子（国家发改委华东电网）用 2011 年中国区域电网基准线排放因子（国家发改委应对气候变化司，2011）
3	附加物隐含碳	加工过程添加的胶黏剂、油漆，包装使用的纸箱等	附加物的量和碳排放因子	通过实际调查获得 $1m^3$ 竹拉丝产品附加物线、胶黏剂、包装箱等的使用量，附加物的碳排放因子（引用 IPCC 报告）
4	生物质能源	竹材加工过程中产生的竹废料燃料	碳转移率，含碳率，竹废料燃烧比例，锅炉的燃烧效率，用于竹拉丝生产的比例	通过竹拉丝产品加工过程利用率计算竹废料量，竹废料燃烧比例通过调查获得，锅炉的燃烧效率根据经验值获得，竹材含碳率（周国模，2006）
5	生物碳储量	竹拉丝产品转移储存的碳储量	生产过程碳转移率，竹拉丝含水率，含碳率	实测 $1m^3$ 竹拉丝产品的碳储量，竹材含碳率（周国模，2006）

15.4.1 加工过程数据收集

竹拉丝产品从毛竹原竹到成品加工工艺复杂，涉及碳排放的就有近 20 道工序，每道工序用不同的机器进行加工。碳排放耗能利用机器功率乘以每工序加工过程的完成时间及机器空转时间进行计算。数据通过在竹拉丝产品加工企业进行实测获得，每次 10 个样本，3 次重复。

15.4.2 运输数据收集

竹拉丝产品生产中涉及的运输有：毛竹原材料、竹拉丝及线、胶黏剂等主要附加物的运输，其中主要是毛竹原竹和竹拉丝这两部分的运输。原竹从砍伐地运输到竹拉丝加工企业进行前期加工，原竹主要来自浙江遂昌、景宁、龙泉等地，这个过程中运输距离差别大，导致碳排放的不确定性较大。竹丝从竹拉丝加工企业运往浙江安吉的福浪莱工艺品有限公司进一步加工，这个过程中距离是确定的，因此这部分运输排放计算结果比较可靠。所有的运输数据来源于竹拉丝加工企业一年的运输报表数据。

15.4.3 附加物数据收集

线、布、胶黏剂和包装纸箱等在竹拉丝产品生产中使用量较少，属于附加物，其使用量可通过实际抽样调查加工或包装前后的重量进行计算。它们的二氧化碳排放当量可通过选择 IPCC 碳排放因子数据库、权威杂志、同行公开发表的文献中相同或相近的碳排放因子进行计算。

15.5 竹拉丝产品的碳足迹评估

竹拉丝产品碳足迹评估是计测从伐后原竹运输、竹拉丝生产到产品入库过程中所有排放源的二氧化碳排放当量减去竹拉丝产品中转移的碳储量。其中二氧化碳排放当量是生产过程中所有材料、能源耗量的初级活动水平数据乘以排放因子之和。

15.5.1 运输过程化石能源碳排放计测

运输过程中化石能源产生直接碳排放，包括伐后毛竹、竹拉丝及胶黏剂等的运输，主要是柴油、汽油能源燃烧的直接排放。

运输过程化石能源碳排放的计算公式可表示为

$$C_1 = \sum_{i}^{n} P_i \times M_i \times D_i \times \mathrm{EF}_i \tag{15.1}$$

式中，C_1 为运输过程化石能源碳排放；i为各排放源；n为项数；P_i 为单位重量能源百公里能耗量；M_i 为运输的产品重量；D_i 为运输距离；EF_i 为能源碳排放因子。1m^3 3 种竹拉丝产品运输过程碳排放计算结果见表 15.2。

表15.2　竹拉丝产品运输过程碳排放（C_1）

Tab.15.2　The carbon emission of bamboo filar products in transport（C_1）

产品类型	运输材料	能源类型	能耗 /[L/（T · 100 km）]	运输距离 /km	运输重量 /（kg/m^3 成品）	碳排放因子 /（kg/L）	CO_2 排放当量 /kg	所占比例 /%
竹窗帘	毛竹原竹	柴油	1.5	40	7435.82	2.63	11.7337	40.67
	竹丝	柴油	1.5	350	1213.43	2.63	16.7544	58.07
	线	汽油	2.0	15	40.00	2.30	0.0276	0.10
	滑轮	汽油	2.0	200	31.67	2.30	0.2913	1.01
	包装材料	汽油	2.0	15	63.89	2.30	0.0441	0.15
	小计						28.8511	100.00
竹地毯	毛竹原竹	柴油	1.5	40	7262.43	2.63	11.4601	39.92
	竹丝	柴油	1.5	350	1185.13	2.63	16.3637	57.00
	线	汽油	2.0	15	48.00	2.30	0.0331	0.12
	胶黏剂	汽油	2.0	200	36.19	2.30	0.3330	1.16
	海绵防滑垫	汽油	2.0	200	51.81	2.30	0.4766	1.66
	包装材料	汽油	2.0	15	59.05	2.30	0.0407	0.14
	小计						28.7073	100.00
竹凉席	毛竹原竹	柴油	1.5	40	7949.12	2.63	12.5437	40.52
	竹丝	柴油	1.5	350	1297.19	2.63	17.9110	57.86
	线	汽油	2.0	15	13.33	2.30	0.0092	0.03
	胶黏剂	汽油	2.0	200	17.04	2.30	0.1567	0.51
	布	汽油	2.0	200	32.59	2.30	0.2999	0.97
	包装材料	汽油	2.0	15	50.00	2.30	0.0345	0.11
	小计						30.9550	100.00

注：碳排放因子来源于 IPCC 数据库

Note：carbon emission factors are derived from IPCC database

从表 15.3 可知，生产 1m^3 的竹窗帘、竹地毯和竹凉席的运输碳排放分别为 28.8511kg、28.7073kg 和 30.9550kg CO_2 当量，其中竹凉席运输碳排放为最大，毛竹原竹运输碳排放为 12.5437kg，占 40.52%；竹丝运输碳排放为 17.9110kg，占 57.86%，分析原因主要是竹凉席竹丝规格为 4.5mm×1.5mm，编织的损耗率最高。

在运输过程中碳排放的主要影响因素是运输量和运输距离。毛竹原竹从产地浙江丽水市等运输到当地竹丝企业加工，按照统计数据计算平均距离为 40km，以竹窗帘为例：生产 1m^3 竹窗帘需毛竹原竹鲜重 7435.82kg，运输毛竹原

竹的 CO_2 排放当量为 11.7337kg。竹丝从浙江丽水运往浙江安吉福浪莱工艺品有限公司进一步加工成竹拉丝产品，运输距离较大，为 350km，$1m^3$ 竹窗帘需竹丝鲜重 1213.43kg，这部分运输碳排放最大，占 58.07%。附加物滑轮和包装材料因为用量少所占碳排放比例很小。

15.5.2 加工过程电力能源碳排放计测

竹拉丝加工过程电力碳排放是以各工序机器功率乘以各工序的完成时间及机器空转时间进行计算的，公式如下：

$$C_2 = \sum_{i}^{n} P_i (0.75T_{1i} + 0.2T_{2i})\mathrm{EF}_i \tag{15.2}$$

式中，C_2 为竹拉丝加工过程电力能源碳排放；P_i 为每个工序机器的额定功率；T_{1i} 为第 i 工序机器运行时间；T_{2i} 为第 i 工序机器空转时间；0.75 和 0.2 分别为机器加工运行时的能耗系数和机器空转时的能耗系数（依据经验值）；EF_i 为电力的碳排放因子。$1m^3$ 3 种竹拉丝产品加工过程碳排放计算结果见表 15.3。

表15.3 竹拉丝产品加工过程碳排放（C_2）

Tab.15.3 The carbon emission of bamboo filar products in process（C_2）

序号	工序		机器功率 /（kW/h）	机器加工运行时间 /s	机器空转时间 /s	碳转移率 /%	生产每片电力能耗 /（kW·h）	生产 1m 竹拉丝 CO_2 排放当量 /kg	生产 $1m^3$ 竹拉丝 CO_2 排放当量 /kg
1	编织工序	截断	4.5	3	8	99	0.0125	0.0104	5.7894
2		开片	4.0	4	2	99	0.0098	0.0082	4.5446
3		分片	4.0	4	1	99	0.0687	0.0575	31.9370
4		拉丝	9.0	4	1	37	0.1546	0.1293	71.8583
5		碳化	1.5	259, 200	0	100	0.0047	0.0039	2.1639
6		烘干	3.0	46, 800	0	100	0.0020	0.0017	0.9348
7		编织	1.5	320	15	89	0.1191	0.0997	55.3699
11	竹窗帘工序	切片	1.5	9	2	100	0.0015	0.0012	0.6924
12		裁边	9.0	15	4	93	0.0151	0.0126	7.0016
13		烘干	3.0	12, 600	0	100	0.0105	0.0088	4.8808
14		包边	1.5	30	10	100	0.0051	0.0043	2.3726
15		打滑轮	0.2	10	10	98	0.0003	0.0002	0.1227
16		小计				100			187.6678

续表

序号	工序		机器功率 /（kW/h）	机器加工运行时间 /s	机器空转时间 /s	碳转移率 /%	生产每片电力能耗 /（kW·h）	生产 1m 竹拉丝 CO_2 排放当量 /kg	生产 $1m^3$ 竹拉丝 CO_2 排放当量 /kg
	竹地毯工序	热压	18.0	23，040	5760	100	0.0307	0.0257	9.7918
17		切片	1.5	9	2	100	0.0015	0.0012	0.4748
18		裁边	9.0	15	4	93	0.0151	0.0126	4.8011
19		烘干	3.0	12, 600	0	100	0.0105	0.0088	3.3468
20		贴底	1.5	35	10	100	0.0059	0.0049	1.8759
		针车	0.5	30	5	100	0.0016	0.0014	0.5202
		烫头	0.2	60		100	0.0005	0.0004	0.1594
		小计							174.7695
	竹凉席工序	热压	18.0	23, 040	5760	100	0.0307	0.0257	9.5198
		切片	1.5	9	2	100	0.0015	0.0012	0.4616
		裁边	9.0	15	4	93	0.0151	0.0126	4.6677
		烘干	3.0	12, 600	0	95	0.0105	0.0088	3.2538
		抛光	35.0	10	3	100	0.0394	0.0329	12.2019
		包边	1.5	30	10	100	0.0051	0.0043	1.5817
		小计							178.1029

注：碳排放因子为 0.8367kg/(kW · h)

Note：the carbon emission factor is 0.8367kg /(kW · h)

从表 15.3 可见，3 种竹拉丝加工工艺流程中编织前的加工步骤都是一样的，包括截断、开片、分片、拉丝再到编织。在计算加工过程碳排放时，结合一次测试样本片数和每平方米所需竹丝数，计算每平方米竹拉丝加工时间，层层递推，计算出相应的能耗和碳排放；然后根据规格和重量，计算 $1m^3$ 竹拉丝产品能耗及碳排放、生产 $1m^3$ 竹拉丝产品所需竹材干重和电力能耗及碳排放。

3 种竹拉丝产品的编织工序中分片、拉丝和编织碳排放较大，分别为 31.9370kg、71.8583kg 和 55.3699kg CO_2 当量。$1m^3$ 竹窗帘、竹地毯和竹凉席产品加工过程电力能源碳排放分别为 187.6678kg、174.7695kg 和 178.1029kg CO_2 当量。

15.5.3 附加物隐含碳排放计测

竹拉丝产品加工过程中需线、胶黏剂、包装用纸箱等。附加物的隐含碳排放计算公式如下：

$$C_3 = \sum_i^n P_i \times \mathrm{EF}_i \tag{15.3}$$

式中，C_3 为竹拉丝附加物隐含碳排放；P_i 为竹拉丝附加物消耗量；EF_i 为附加物的碳排放因子；*i* 为各排放源。1m^3 3 种竹拉丝附加物隐含碳排放计算结果见表 15.4。

表15.4 竹拉丝产品附加物碳排放（C_3）

Tab.15.4 The carbon emission of bamboo filar products in addendum（C_3）

序号	拉丝产品	工序	附加物	碳排放因子 /（kg/kg）	生产 1m 竹拉丝附加物使用量 /kg	生产 1m^3 竹拉丝产品附加物使用量 /kg	生产 1m^3 竹拉丝 CO_2 排放当量 /kg	生产 1m^3 竹拉丝产品 CO_2 排放当量 /kg	所占比例 /%
1	竹窗帘	编织	线	1.581	0.072	40.000	0.114	4.5533	17.51
2		打滑轮	滑轮	1.35	0.057	31.667	0.077	2.4368	9.37
3		包装	纸箱	0.9	0.195	108.333	0.176	19.0125	73.12
		小计						26.0025	100.00
1	竹地毯	编织	线	1.581	0.146	55.619	0.231	12.8383	17.63
2		热压	胶黏剂	0.6	0.095	36.190	0.057	2.0629	2.83
3		垫压	防滑垫	3.079	0.186	70.857	0.573	40.5795	55.71
4		包装	纸箱	0.9	0.225	85.714	0.203	17.3571	23.83
		小计						72.8378	100.00
1	竹凉席	编织	线	1.581	0.036	13.333	0.057	0.7589	2.36
2		热压	胶黏剂	0.6	0.106	39.259	0.064	2.4969	7.77
3		包边	布	3.079	0.128	47.407	0.394	18.6838	58.12
4		包装	纸箱	0.9	0.175	64.815	0.158	10.2083	31.75
		小计						32.1479	100.00

注：碳排放因子来源于 IPCC 数据库

Note：carbon emission factors are derived from IPCC database

结果表明：附加物隐含碳排放的主要影响因素是附加物的使用量和碳排放因子。生产 1m^3 竹窗帘、竹地毯和竹凉席产品的附加物碳排放分别为 26.0025kg、72.8378kg 和 32.1479kg CO_2 当量。其中最大的为竹地毯产品，主要是编织线较多和产品包含一层防滑垫，两者的碳排放为 12.8383kg 和 40.5795kg CO_2 当量。其中胶黏剂的使用量较少，碳排放所占比例很小。

15.5.4 竹废料燃烧的生物质能源碳排放计测

在竹拉丝产品碳足迹调查过程中发现，企业利用竹拉丝生产中的一些竹废料如竹废条、竹废料等作为锅炉、蒸汽等的能源使用，竹废料燃烧产生了部分二氧化碳的排放。但根据 PAS 2050《产品碳足迹评估规范》，由于竹子在生长过程吸收了二氧化碳，此类燃烧排放只是把生长中所吸收的二氧化碳返回，在评估中需测算竹废料燃烧的碳排放量，但并不计入竹拉丝碳足迹评估范围。

竹废料燃烧的碳排放公式为

$$C_4=P_i\times0.2\times0.6\times0.7\times K\times44/12 \tag{15.4}$$

式中，C_4 为竹拉丝生产过程中废料用于锅炉燃烧产生的 CO_2 排放当量；P_i 为竹废料干重；K 为含碳率；0.2 为竹废料用于燃烧的比例；0.6 为竹废料锅炉燃烧效率；0.7 为用于竹拉丝加工的热能系数；44/12 为 CO_2 和 C 比。因此，生产 $1m^3$ 竹拉丝的竹废料燃烧产生的 CO_2 排放当量为

C_4（竹窗帘）=1830.1031×0.2×0.6×0.7×0.5042×44/12=284.2033kg

C_4（竹地毯）=1879.0901×0.2×0.6×0.7×0.5042×44/12=291.8107kg

C_4（竹凉席）=1956.4350×0.2×0.6×0.7×0.5042×44/12=303.8218kg

此数据仅为了解用，不计入碳足迹评估范围。

15.5.5　竹拉丝中储存的碳储量计测

毛竹加工生产成竹拉丝过程中将竹林碳汇转移到竹拉丝碳库中。根据 PAS 2050 规范，当产品包含生物碳并保留一年以上时，碳储存的影响将以加权平均的形式、以负的二氧化碳当量值纳入产品生命周期内 GHG 排放评价，竹拉丝符合这类特征。其中竹拉丝储存的碳储量、使用寿命构成了碳储存影响的关键部分。竹拉丝的碳储存根据竹拉丝中转移固定的碳储量乘上加权系数（以竹材产品理论寿命计）进行计算，具体计算公式如下：

$$C_5=\frac{M\times0.76\times T_0}{100} \tag{15.5}$$

式中，C_5 为竹拉丝理论寿命内储存的碳储量效益；M 为 $1m^3$ 竹拉丝储存的 CO_2 当量；T_0 为某个产品形成后，其全部碳储存效益存在的年数；（$0.76\times T_0$）/100 为碳储存的加权系数（此加权系数适用于其全部碳储存效益存续 2～25 年，此后没有碳储存效益）。

根据 $1m^3$ 竹拉丝干重为 590.56kg、588.56kg、612.00kg，再乘以竹材含碳率 0.5042，得到 $1m^3$ 竹拉丝的碳储量，再转化为二氧化碳当量。

以竹拉丝理论寿命 15 年计，碳储存效益为

C_5（竹窗帘）= $\frac{590.56\times0.5042\times44\times0.76\times15}{100\times12}$ =124.4638kg

C_5（竹地毯）= $\frac{588.56\times0.5042\times44\times0.76\times15}{100\times12}$ =124.0423kg

C_5（竹凉席）= $\frac{612.00\times0.5042\times44\times0.76\times15}{100\times12}$ =128.9824kg

15.5.6 竹拉丝产品碳足迹评估

$$C = \sum_{i}^{n} C_i - C_5 \tag{15.6}$$

式中，C 为竹拉丝碳足迹；i 为各排放源；C_i 为每个排放源单位重量或体积二氧化碳排放当量；C_5 为竹拉丝的碳储存效益。1m^3 竹拉丝的碳足迹为：$C = C_1 + C_2 + C_3 - C_5$，具体结果见表 15.5。

表15.5 每立方米3种竹拉丝产品碳足迹

Tab. 15.5 The carbon footprint of three bamboo filar products

竹拉丝产品	C_1/kg	C_2/kg	C_3/kg	C_5/kg	C/kg
竹窗帘	28.8511	187.6678	26.0025	124.4638	118.0576
竹地毯	28.7073	174.7695	72.8378	124.0423	152.2723
竹凉席	30.9550	178.1029	32.1479	128.9824	112.2234

15.5.7 竹拉丝碳足迹的构成分析

竹拉丝碳排放分为三类：运输过程化石能源排放，加工过程电力能源排放，附加物隐含碳排放。其中加工过程电力能源碳排放最大，生产 3 种 1m^3 竹拉丝产品加工过程电力能源碳排放比例见图 15.3a ～图 15.3c，其中加工过程电力能源碳排放比例最高。

考虑到竹拉丝自身生物碳储存效益起到了延缓碳排放作用，因此最终的碳足迹就由上述 4 部分组成，最大是加工过程电力能源碳排放，其次是自身碳储存效益（图 15.4a ～图 15.4c）。

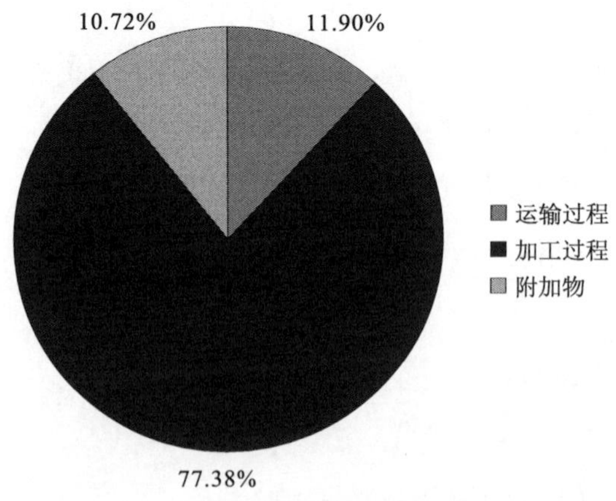

图 15.3a 竹窗帘碳排放构成

Fig. 15.3a Form of carbon emission for the bamboo curtain

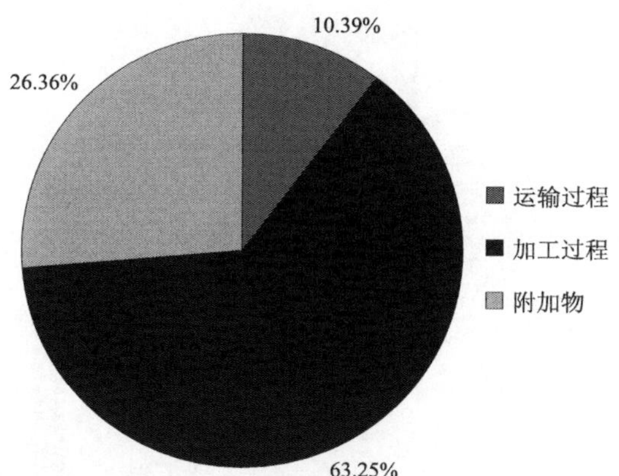

图 15.3b　竹地毯碳排放构成

Fig.15.3b　Form of carbon emission for the bamboo blanket

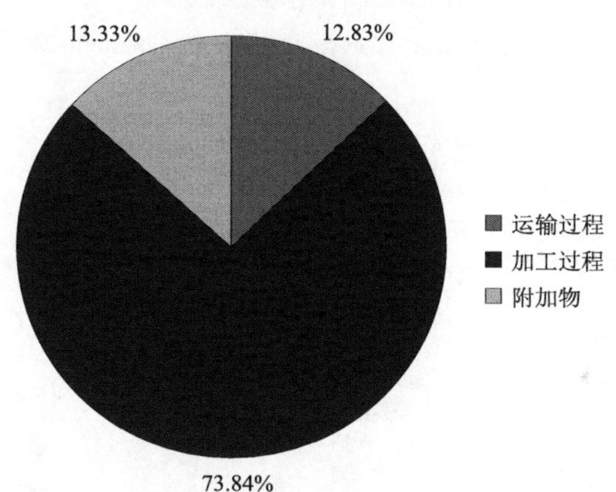

图 15.3c　竹凉席碳排放构成

Fig.15.3c　Form of carbon emission for the bamboo mat

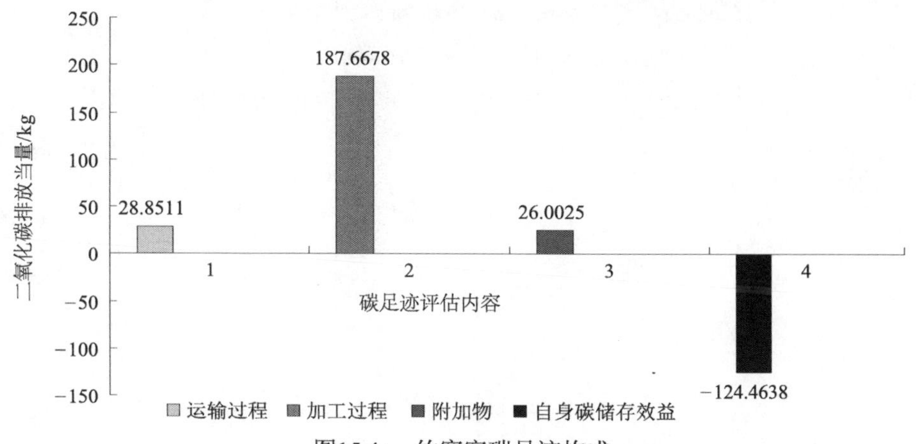

图15.4a　竹窗帘碳足迹构成

Fig.15.4a　Form of carbon footprint for the bamboo curtain

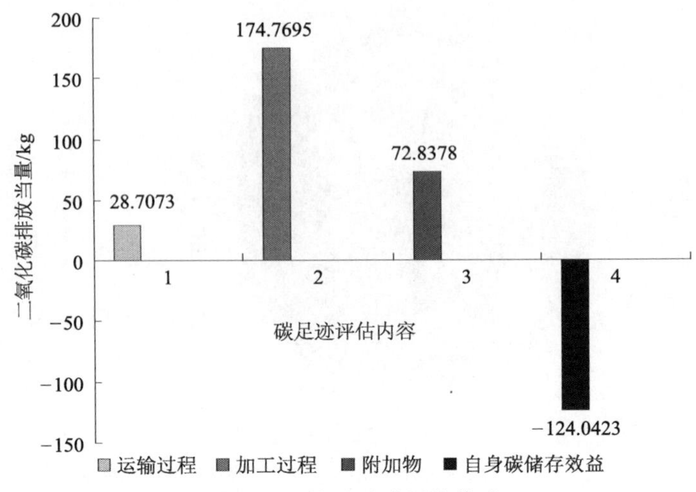

图15.4b 竹地毯碳足迹构成

Fig.15.4b Form of carbon footprint for the bamboo blanket

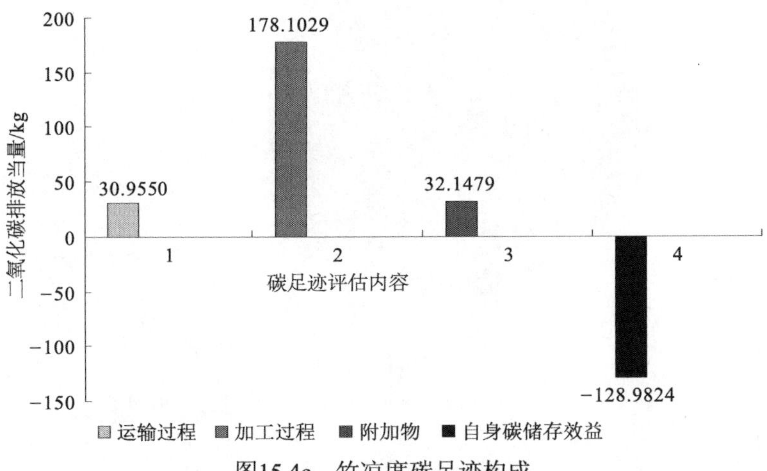

图15.4c 竹凉席碳足迹构成

Fig.15.4c Form of carbon footprint for the bamboo mat

16 竹材产品碳足迹研究结论与减排建议

16.1 主要结论

本研究应用 PAS 2050 评价方法系统核算了主要竹材产品的净碳足迹，选择了 9 种竹材产品：带青竹展开地板、去青竹展开砧板（两种规格）、竹重组地板（户外、室内）、竹刨切片、竹拉丝产品（竹窗帘、竹凉席、竹地毯）进行碳足迹评估，涵盖目前竹材加工利用的 3 种技术：集成技术、展开技术和重组技术。碳足迹评估综合结果见表 16.1。

表16.1 每立方米9种不同竹材产品碳足迹比较

Tab.16.1 Comparison of carbon footprint between 9 kinds of bamboo products

竹材产品	规格	理论使用年限	片数 / m^3	C_1/kg	C_2/kg	C_3/kg	C_4/kg	C_5/kg	C/kg
带青竹展开地板	1200mm×137mm×18mm	20	338.0	31.2182	87.8021	31.8216	232.1867	168.7506	−17.9087
竹展开砧板（规格 1）	360mm×240mm×17mm	8	680.8	28.3957	122.8600	43.1149	162.2293	79.8178	114.5528
竹展开砧板（规格 2）	380mm×280mm×18mm	8	528.1	26.0183	137.9564	39.4694	154.8055	73.0690	130.3751
竹重组地板（户外）	1860mm×137mm×20mm	20	196.2	31.0445	143.5591	78.3336	95.9276	249.1110	3.8262
竹重组地板（室内）	910mm×127mm×14mm	20	618.2	27.1895	156.3779	73.1241	91.1478	205.1067	51.5848
竹刨切片	2500mm×450mm×0.6mm	20	1481.5	37.0909	253.4668	30.1953	331.3757	168.1549	152.5981
竹窗帘	1500mm×3.5mm×1.5mm	15	555.6	28.8511	187.6678	26.0025	284.2033	124.4638	118.0576
竹地毯	1500mm×2.5mm×2.5mm	15	381.0	28.7073	174.7695	72.8378	291.8107	124.0423	152.2723
竹凉席	1500mm×4.5mm×2.0mm	15	370.4	30.9550	178.1029	32.1479	303.8218	128.9824	112.2234

注：C_1 为运输过程碳排放；C_2 为加工过程碳排放；C_3 为附加物隐含碳排放；C_4 为竹废料燃烧；C_5 为竹材产品转移碳储存；C 为碳足迹

Note: C_1 is the carbon emissions of the transportation process; C_2 is the carbon emissions of the processing process; C_3 is the carbon emissions of the additives; C_4 is the carbon emissions of the biomass of bamboo scraps; C_5 is the carbon stock stored in bamboo products ; C is the carbon footprint

研究表明：第一，从碳排放的构成来看，运输过程碳排放 C_1、加工过程碳排放 C_2、附加物隐含碳排放 C_3 为最主要的三大排放源，而其中加工过程碳排放在竹材产品碳排放中所占比例最大。

C_1 运输过程碳排放与运输距离和运输质量相关，运输质量则主要与竹材产品加工过程中的碳转移率有关，具有产品本身特性，运输距离与外部因素有关，具有一定的随机性。本研究中 C_1 在几种竹材产品碳排放中所占的比值最小，不同竹材产品运输过程碳排放差异不大，最大的为竹刨切片，原因为刨切板生产过程的碳转移率最低，产生的竹废料最多。

C_2 加工过程碳排放与竹材产品生产工艺特性相关，受加工过程中一些重点步骤影响大（如竹集成材的粗刨和精刨，重组竹的压制，竹展开材的刨削，竹刨切片的刨切）。从竹材产品工艺来看，展开工艺碳排放最小，重组竹生产工艺次之，竹刨切工艺最大。具体的，带青竹展开地板最小，为 87.8021kg CO_2 当量，竹刨切片最大，为 253.4668 kg CO_2 当量。

C_3 附加物隐含碳排放主要与竹材产品用胶量和包装纸箱用量相关。从用胶量来说，单位体积用量（拉丝产品除外）最少的是竹展开地板，其次是竹刨切片，最大的是竹重组地板。具体的，竹重组地板最大（户外为 78.3336kg CO_2 当量、室内为 73.1241kg CO_2 当量）。

第二，从 9 种产品每立方米自身转移储存的碳储量效应 C_5 来看，主要受转移储存的碳储量多少和产品的使用寿命影响，其中竹展开砧板的理论寿命为 8 年，竹地板为 20 年，竹拉丝产品为 15 年。最终，竹重组地板（户外）最大，为 249.1110kg CO_2 当量，竹展开砧板（规格 2）最小，为 73.0690kg CO_2 当量。

第三，从 9 种产品每立方米最终的碳足迹并综合上述碳排放和碳储存的效应来看，带青竹展开地板碳足迹最小，为−17.9087kg CO_2 当量，为负排放；竹刨切片最大，为 152.5981kg CO_2 当量。

16.2 不确定性检查

对竹材产品碳足迹的不确定性分析是一种对精度的衡量。这一步骤的目标是衡量碳足迹结果中的不确定性并使其最小化，提高碳足迹比较结果的可信度，以及提高基于碳足迹的决策水平。竹材产品碳足迹评估是一项过程复杂、数据庞大的工作，其数据采集及计算过程具有较多不确定性。通过检查，使产品碳足迹计算中的不确定性最小化，有助于优化产品碳足迹计算结果，提高竹材产品碳足迹比较结果的可靠性。下面主要从 9 种竹材产品碳足迹构成的几个方面分别进行不确定性分析。

运输过程：毛竹原竹运输的距离由于采伐地的不同有较大的不确定性，而用一季度或年度等长时间平均距离计算能减少评估的风险。附加物胶黏剂等虽然运输距离也有一定的不确定性，但是因为运输量较少，所以影响不是很大。

加工过程：由于竹材产品加工工艺复杂，每种产品均有二十多道工序，涉及的加工机器多，其中很多机器功率很大，工人操作的熟练程度不同等均会影响碳足迹评估。减少评估误差的最好方法是增加每个工序过程的样本数，重复抽样。本研究选择每组 10 个样本，3 次重复，而其中截断、开片、疏解、去黄、修边等涉及碳转移的过程则实测了 200 株以上的数据，大大增加了抽样样本数。

附加物：本研究没有跟踪添加的附加物自身生产的碳足迹，而是引用 IPCC 数据库等文献资料中相同或相近产品的碳排放因子数据，对碳足迹的评估产生一定的影响。

此外，还可以通过不断优化碳足迹计算方法和模型来细化计算过程；利用月度、季度、年度等时间段的能耗和竹地板产量等统计数据进行验证；或邀请专家对竹地板碳足迹进行评审、认证等来减少不确定性来源。

16.3 竹材产品减排潜力及政策建议

根据生命周期评价法和投入产出分析法的主要思想和分析步骤，进行层次分解，构建竹材产品减排的分析框架。本研究将碳足迹评估分为以下 5 个层次，以便更清晰地展示竹材产品碳足迹的各种来源和减排的优先次序及措施（图 16.1）。

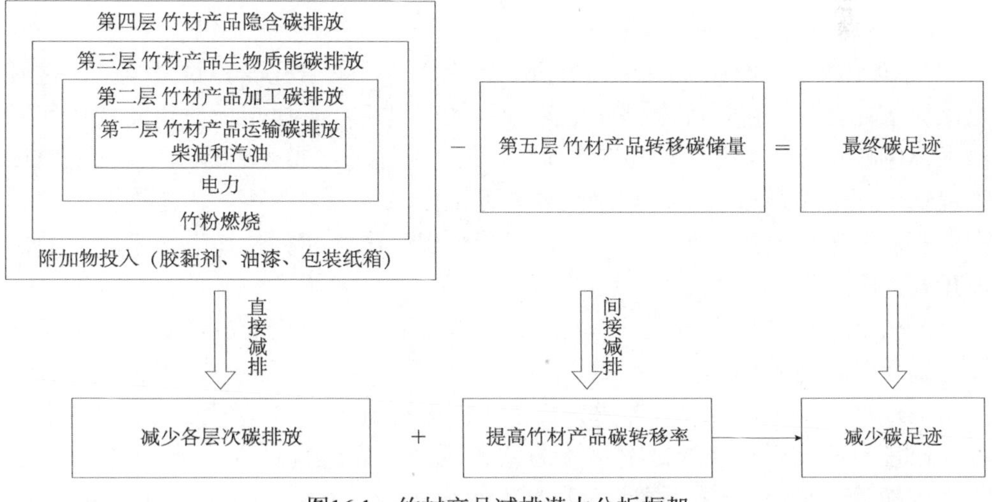

图16.1 竹材产品减排潜力分析框架

Fig.16.1 Analysis framework of bamboo products' potential in emission reduction

第一层，运输直接排放。包括毛竹原料、中间产品竹板材及胶黏剂等的运输。主要是柴油、汽油能源燃烧的直接排放。

第二层，加工间接排放。在第一层排放量的基础上加上外购二次能源，主要指电力导致的间接碳排放。电力在使用过程中虽不产生碳排放，但我国的电力主要来自燃煤的火力发电，因此在生产过程中会产生大量碳排放。

第三层，加工过程中生物质能源的直接排放。在竹材产品生产企业有一套锅炉热气管道系统，原料为竹材产品加工过程中的竹废料，通过燃烧获得热能，主要用于碳化和烘干。竹废料作为生物质能源起到了替代化石能源煤的作用，根据英国标准协会（BSI）PAS 2050：2008 规范，这方面可单独进行核算，但不计入碳足迹内。

第四层，附加物隐含碳排放。包括系统消费的最终品与服务在整个供应链上的“隐含碳”（embodied carbon），主要是生产过程的投入品。本研究中的隐含碳排放主要有胶黏剂、油漆、包装箱等。

第五层，竹材产品自身储存的碳储量。竹材在加工制造竹地板、竹家具等竹产品过程中将植被碳库转移到产品碳库中，生命周期长达数十年以上，碳也将长时间保持在竹产品中。

竹材产品的碳排放主要是第一至四层，而最终的净碳足迹是第一、二和四层碳排放减去第五层产品碳储量效应。因此减排潜力分析可全面考察上述 4 个层次，通过提高竹材产品的生产工艺、管理水平（直接减排）和竹材产品生产的碳转移率（间接减排）来实现最终的减排目标。减少碳足迹的主要措施和建议有以下几方面。

1）运输过程减排潜力及建议

运输距离是影响产品碳足迹的重要因素之一。本研究 6 种竹材产品原材料均来源于江西和福建，在当地企业进行初加工以后，半成品板材均需从江西资溪，福建顺昌、建阳等地运到浙江杭州，运输距离在 550～600km，这大大增加了运输过程的碳排放。就近取材或者就近生产减少运输距离等，是降低运输过程化石能源碳排放的关键。例如，选择浙江资源丰富和竹材加工技术落后的县市开展合作，采购原材料；或者最终成品的生产点在江西和福建的分厂等。

同时选择最佳的运输线路，缩短运输距离；选择最适合、最节油的车辆承担运输任务，运用燃油效率较高的设备，加强交通运输人员的节能技术培训，提高操作水平和运输效率。此外，由于不同的运输模式对能源消耗不同，企业可以通过改变原材料及半成品运输方式来降低产品运输过程的碳排放。例如，铁路运输替代道路运输，据研究，道路运输耗能为 0.5959tce/（万 t · km）（tce 为标准煤的单位），铁路运输耗能为 0.0995 tce/（万 t · km），仅为道路运输耗能的 1/6，可见铁路能源消耗强度远小于道路能源消耗强度。如果条件允许，企业可以选择铁路运输（徐清军，2011）。总之，为了降低运输过程化石能源的碳排放，应该运用低能耗的运输方式，尽量就近取材和生产，减少运输距离。

2）加工过程减排潜力及建议

加工过程的电力能源碳排放在总碳排放中所占比例最大。竹材产品加工过程中，从毛竹原竹到各类最终竹产品的产生，每种加工过程涉及的生产工艺二十几道，其中关键工艺如粗刨、精刨、刨削、疏解、压制、去黄、展开等都是主要的碳排放工序。这些阶段的碳排放主要是大功率机器运行中产生的电力能源碳排放和工人操作熟练程度、生产效率产生的机器空转导致的电力能源碳排放。因此对于竹材产品生产企业来说，要降低这方面的碳排放，一方面要努力改进工艺流程，开展一些技术改进项目降低机器的能耗，淘汰现有的落后产能，提高机器的利用效率；另一方面加强工人技术培训，提高对机器及工艺的熟练程度，减少机器空转时间，从管理角度减少碳排放。总之，为了降低加工过程电力能源碳排放，应运用一些技术技术革新和管理措施积极降低碳排放。

3）生物质能减排潜力及建议

本研究生产中的竹废料作为生物质能源燃烧产生直接排放，但因为这只是毛竹生长过程中吸收的碳的返回，按照评估规范这部分碳排放并未计入最终碳足迹，但这部分的排放额在所有排放源中所占比例最大。目前竹废料作为生产过程中产生的剩余物，主要通过燃烧获得热能，用于高温碳化和烘干，起到了替代化石能源煤的作用。要减少这部分的碳排放，一方面需提高竹粉锅炉的热燃烧效率（本文设为0.6），充分利用热气循环系统，减少化石燃料的使用；另一方面需提高竹废料的再利用效率，循环利用，如进一步加工成竹纤维板，使用寿命也长达数十年以上，进一步延缓碳的排放。

4）附加物减排潜力及建议

附加物是竹材产品生产中必不可少的附料，如胶、油漆等，但不同的竹材加工技术附加物的使用量不同，如重组技术需要更多胶黏剂等附加物，所以相对于其他竹产品，其单位体积胶黏剂的使用量比较多，是影响产品碳排放的因素之一。因此，企业可改进生产工艺，研发胶黏性能好的生态环保型胶等，减少附加物的使用量，降低附加物碳排放。此外在不同的温度下，胶黏剂的使用量也有显著的不同，在温度较高的情况下，胶黏剂很容易深入纤维中去，使用量较多；而在温度相对较低的情况下，胶黏剂使用量就比较低。在不影响产品质量的前提下，降低加入胶黏剂时的温度，有利于控制其使用量，从而达到减少二氧化碳排放的目的。

5）提高竹材产品生产过程碳转移率，增加间接减排

碳转移率增加可以使原竹中的碳更多地在产品中储存下来，是对碳排放的抵消。加大碳转移效率，不仅能为企业带来经济效益，还能降低产品的碳足迹，

为企业带来潜在的环境效益。从竹材产品碳转移率的比较来看，竹展开技术的碳转移率高于竹重组技术，且高于竹集成技术；对工艺中碳转移率较低的工序要给予重点关注；同时选择适当规格的产品进行生产，以及大胸径的竹材也会对碳转移率和碳储量产生影响；而对于竹废料的进一步利用，如竹粉加工成竹纤维板也可以提高碳转移率。

另外，竹材产品碳储量对二氧化碳排放具抵消作用，除了其本身固定的碳储量外，产品的使用寿命也是影响碳排放的重要因素。本研究中除竹展开砧板的理论寿命以 8 年计外，其余为 15 年、20 年。因此，延长竹材产品的使用寿命是增加碳转移效益的重要措施。在实际中应改进技术，提高工艺来开发耐磨的竹地板等，增加地板的硬度、密度；增加竹地板防腐、防潮、变型等的研究，提高稳定性，以延长竹材产品的使用寿命。

参考文献

陈健. 2011. 纺织服装产品碳足迹核算—基于外贸业务案例的分析. 产业研究，（24）：86-87.

邓金龙，张建辉，李好. 2010. 我国竹地板产业市场现状与发展前景. 林业机械与木工设备，38（7）：4-6.

高峰. 2012. 碳标签对我国对外贸易发展的影响. 对外贸易，5：15-16.

顾蕾，沈振明，周宇峰，等. 2012. 浙江省毛竹竹板材碳转移分析. 林业科学，48（1）：186-190.

国家林业局. 2013. 全国竹产业发展规划.

韩晨晨，薛文良，魏孟媛. 2011. 棉纺织行业碳足迹的研究现状. 中国纤检，12：30-33.

黄少良，杜冲，刘馨磊，等. 2012. 纺织品碳足迹评估：理论、现实与选择. 上海纺织科技，40（11）：1-3.

李昊旻，葛大兵，梁容川，等. 2013. 基于碳足迹评价的低碳经济发展研究. 江西农业学报，25（4）：112-114.

李长河，吴力波. 2014. 国际碳标签政策体系及其宏观经济影响研究. 武汉大学学报，67（2）：94-101.

梁龙. 2012. 碳标签将成下个隐形贸易壁垒. 中国纺织，（1）：129.

刘玫，陈亮. 2010. 产品碳足迹国际标准（ISO 14067）进展及我国面临的形势. 中国标准化，8：10-12.

刘玮，申黎明. 2012. 基于产品碳足迹的秸秆家具绿色评价方法研究. 制造业自动化，34（3）：80-83.

刘韵，师华定，曾贤刚. 2011. 基于全生命周期评价的电力企业碳足迹评估—以山西省吕梁市某燃煤电厂为例. 资源科学，33（4）：653-657.

卢俊宇，黄贤金，陈逸，等. 2013. 基于能源消费的中国省级区域碳足迹时空演变分析. 地理研究，32（2）：326-336.

吕煜昕，武戈. 2013. 单一封闭经济下碳标签对供需双方的影响分析. 前沿，12：21-24.

裘晓东. 2011. 碳足迹及其评价准则. 标准科学，11：69-76.

沈宁舟，宋英华. 2012. 我国低碳发展的碳足迹法实证研究. 科技进步与决策，29（19）：30-32.

田彬彬，徐向阳，付鸿娟，等. 2012. 基于生命周期的产品碳足迹评价与核算分析. 中国环境管理，1：21-25.

屠莉华，刘雁. 2012. 纺织服装行业碳足迹研究现状分析. 进展与述评，3：19-21.

王晨曦. 2012. 产品碳足迹—后京都时代的新型贸易壁垒. 世界贸易组织动态与研究，19（4）：61-66.

王微，林剑艺，崔胜辉，等. 2010. 碳足迹分析方法研究综述. 环境科学与技术，7：71-78.

夏明，郭燕. 2012. 组织与产品碳足迹评价方法和程序及其差异分析. 山东纺织经济，10：79-80.

徐清军. 2011. 碳关税、碳标签、碳认证的新趋势，对贸易投资影响及应对建议. 国际贸易，7：54-57.

杨洋，唐良富. 2013. 产品碳足迹国际标准解析与启示. 质量与标准化，（6）：38-41.

张欢，张辉. 2012. 论造纸工业碳足迹研究之基本方面. 中国造纸学报，27（2）：53-61.

张莉，陈云. 2011. 低碳经济与纺织可持续发展（四）—产品碳足迹核算与生命周期评估. 印染，3：38-41.

张永坚，王萍萍，纪建悦，等. 2014. 碳标签对我国水产品出口贸易带来的挑战及其应对研究. 海洋开发与管理，2：107-110

张玥，王让会，刘飞. 2013. 钢铁生产过程碳足迹研究—以南京钢铁联合有限公司为例. 环境科学学报，33（4）：1195-1201.

赵先贵，马彩虹，肖玲，等. 2013. 北京市碳足迹与碳承载力的动态研究. 干旱区资源与环境，27（10）：8-12.

周国模. 2006. 毛竹林生态系统中碳储量、固定及其分配与分布的研究. 杭州：浙江大学博士学位论文.

周宇峰，顾蕾，刘红征，等. 2013. 基于竹展开技术的毛竹竹板材碳转移分析. 林业科学，49（8）：96-102.

Adoma F，Workman C，Thoma G, et al. 2013. Carbon footprint analysis of dairy feed from a mill in Michigan，USA. International Dairy Journal，31：21-28.

Anna F，Henriksson M, Cederberg C, et al. 2011. The impact of various parameters on the carbon footprint of milk production in New Zealand and Sweden. Agricultural Systems，104：459-469.

Balan S，Souza R D, Goh M, et al. 2010. Modeling carbon footprints across the supply chain. Int J Production Economics，128：43-50.

British Standards Institution（BSI）. 2008. Guide to PAS 2050：How to Assess the Carbon Footprint of Goods and Services. London：BSI.

British Standards Institution（BSI）. 2011. PAS 2050：2011 Specification for the Assessment of the Life Cycle Greenhouse Gas Emissions of Goods and Services. London：BSI.

Gemechu E D，Butnar I，Liop M. 2012. Environmental tax on products and services based on their carbon footprint：a case study of the pulp and paper sector. Energy Policy，50：336-344.

Graefe S，Dufour D，Munoz L A, et al. 2011. Energy and carbon footprints of ethanol production using banana and cooking banana discard：a case study from Costa Rica and Ecuador. Biomass and Bioenergy，35：2640-2649.

Hammond G. 2007. Time to give due weight to the ‘carbon footprint’ issue. Nature, 445(7125)：256.

Harish K，Rachelle W，Azapagic A， 2013. Energy from waste：carbon footprint of incineration and landfill biogas in the UK. Life Cycle Assess，18：218-229.

Hertwich E G，Peters G P. 2009. Carbon footprint of nations：a global，trade-linked analysis. Environmental Science & Technology，43（16）：6414-6420.

IPCC. 2001. Good Practice Guidance and Uncertainty Management in National Greenhouse Gas Inventories. http：//www. ipcc-nggip. iges. or. jp/public/gp/ english/gpgaum_en. html.

IPCC. 2006. IPCC guidelines for national greenhouse gas inventories. Hayama： IGES.

Jonathan H，Cathy H, Geoff S, et al. 2009. The carbon footprints of food crop production. International Journal of Agricultural Sustainability，7（2）：107-118.

Koistinen L，Pouta E，Heikkicä J, et al. 2013. The impact of fat content，production methods and carbon footprintinformation on consumer preferences for minced meat. Food Quality and Preference，29：126-136.

Lobovikov M，Paudel S，Piazza M，et al. 2007. World bamboo resources：a thematic study prepared in the framework of the Global Forest Resources Assessment 2005. Rome：Food and Agriculture Organization of the United Nation : 1-81.

Marc X，Arie T，Osseyran A, et al. 2013. A decision framework for placement of applications in clouds that minimizes their carbon footprint. Journal of Cloud Computing：Advances，Systems and Applications : 2-21.

Maria C，Carolien K，Potting J, et al. 2013. The carbon footprint of exported Brazilian yellow melon. Journal of Cleaner Production，47：404-414.

Ngamtip P，Chularat P，Natthaphon M. 2012. Comparative carbon footprint of packaging for tuna products. Packaging Technology and Science，25：249-257.

Plassmann K，Norton A, Attarzadeh N, et al. 2010. Methodological complexities of product carbon footprinting：a sensitivity analysis of key variables in a developing country context. Environmental Science Policy，13：393-404.

Scipioni A，Manzardo A，Mazzi A, et al. 2012. Monitoring the carbon footprint of products：a methodological proposal. Journal of Cleaner Production，36：94-101.

Sovacool B K，Brown M A. 2010. Twelve metropolitan carbon footprints：a preliminary comparative global assessment. Energy Policy，38（9）：4856-4869.

Terrie K. 2010. Life cycle carbon footprint of the kational geographic magazine. Int J Life Cycle Assess，15：635-643.

Upham P，Dendler L, Bleda M, et al. 2011. Carbon labelling of grocery products：public perceptions and potential emissions reductions. Journal of Cleaner Production，19：348-355.

Wackernagel M, Rees W. 1996. Our ecological footprint. Green Teacher, 45：5-14.

Wiek A，Tkacz K. 2013. Carbon footprint：an ecological indicator in food production. Environ Study，22（1）：53-61.